复杂网络视角下的
城市空间结构识别与分析

谢志伟　彭　博　叶　欣◎著

吉林出版集团股份有限公司
全国百佳图书出版单位

图书在版编目（CIP）数据

复杂网络视角下的城市空间结构识别与分析 / 谢志伟, 彭博, 叶欣著 . -- 长春 : 吉林出版集团股份有限公司 , 2024.4

ISBN 978-7-5731-5134-6

Ⅰ.①复… Ⅱ.①谢… ②彭… ③叶… Ⅲ.①城市空间—空间结构—研究 Ⅳ.① TU984.11

中国国家版本馆 CIP 数据核字 (2024) 第 111068 号

复杂网络视角下的城市空间结构识别与分析

FUZA WANGLUO SHIJIAO XIA DE CHENGSHI KONGJIAN JIEGOU SHIBIE YU FENXI

著　　者	谢志伟　彭　博　叶　欣
责任编辑	祖　航　林　琳
封面设计	张　肖
开　　本	710mm×1000mm　　　1/16
字　　数	200 千
印　　张	11
版　　次	2024 年 4 月第 1 版
印　　次	2024 年 4 月第 1 次印刷
印　　刷	天津和萱印刷有限公司

出　　版	吉林出版集团股份有限公司
发　　行	吉林出版集团股份有限公司
地　　址	吉林省长春市福祉大路 5788 号
邮　　编	130000
电　　话	0431-81629968
邮　　箱	11915286@qq.com
书　　号	ISBN 978-7-5731-5134-6
定　　价	66.00 元

前　言

　　城市空间结构是城市可持续发展治理及规划的重要抓手。如何科学地认识城市空间结构，是深化城市认知并进行人与自然和谐调控的基础。城市结构的空间属性，即城市空间结构，是指城市要素的空间分布和相互作用机制，使各个子系统整合成为城市系统。实际上，当前正处于工业革命末期和信息革命初期的交汇期，城市系统人与自然交互作用机理、过程、格局及其综合效应也正在发生深刻变化。城市空间结构反映城市空间形态、分布模式和功能分工，直接影响交通流动、社会资源利用和环境。理解城市空间结构对城市的规划、管理和发展至关重要。传统城市空间结构识别与分析通常使用统计、地理信息系统（GIS）、空间分析等工具，主要关注城市的地理特征，强调土地利用、建筑结构、交通流量等要素，着重于城市的几何形态和基本物理特性，并广泛应用于土地管理和交通规划等方面。本书则基于复杂网络相关理论，引入多维度考虑，提供更多工具和视角，增强分析城市空间结构的复杂性，使研究者能够更全面地理解城市系统，包括理解城市系统布局、城市系统可持续性、城市系统演化规律以及预测或反演城市现象和行为。

　　此外，本书还探讨了复杂网络视角下城市形态和生态空间的结构识别，以及基于复杂网络分析城市空间热效应，融合理论与实际应用，为城市规划、遥感等领域的研究、教学和学习提供了资源。

　　本书共六章，其中第一章为绪论，分别概述了研究背景、意义和内容以及国内外研究；第二章为复杂网络基础理论，介绍了复杂网络特性及其评价指标；第三章为复杂网络下的多尺度城市空间形态结构研究，从城市群尺度和城市内部空间尺度出发识别形态结构，结合实例进行分析；第四章为基于复杂网络社区的城市生态空间结构识别及稳定性分析，聚焦于植被和城市的特征，基于社区拓扑结构进行研究；第五章为采用网络结构的城市空间结构热效应分析，着重探讨城市空间结构中城市土地利用变化对热效应的影响，分别介绍了城市土地利用分类、地表温度反演和相关性分析等内容，评估复杂网络结构用于研究城市热环境的可行性；第六章为总结与展望，综述全书内容，概括其局限性，并为未来研究和实践提供有益指导。

在撰写本书的过程中，作者参考了大量的学术文献，得到了许多专家、学者的帮助，在此表示真诚感谢。由于作者水平有限，书中难免有疏漏之处，希望广大同行指正。

目　录

第一章 绪 论

近年来，全球城市化进程呈现出前所未有的加速态势。现代城市作为人口聚集、资源密集和产业集聚的核心区域，是一个具有高度复杂性的系统，其空间结构日益复杂多样。

第一节 研究背景与意义

随着复杂网络理论的兴起，人们开始将其应用于城市空间结构的研究中，不仅能够详细描述城市内部的空间结构特征，还能够深入刻画城市之间的空间联系和相互影响。这有助于我们更好地揭示城市空间结构的多层次、多尺度、多维度特征，为城市空间结构的研究提供了新视角。城市空间结构的发展是否合理会直接影响到城市总体竞争力以及城市自身的经济水平。同时，城市空间结构也是经济社会的衍生品，是经济结构的空间表现形式，对地区经济发展有着重要作用。深入了解和分析城市的组织和布局方式，掌握城市的空间结构，可以帮助城市规划者、政策制定者以及研究人员更好地理解城市发展和管理的各种问题，为城市规划提供依据，促进生态平衡，塑造城市可持续性和宜居性。

城市空间形态结构是现代城市研究的一个重要维度，它主要指城市要素的空间分布和相互作用机制。复杂网络作为一种呈现系统结构和整体行为的高度复杂性网络，可以合理描述城市之间的复杂互动形式和空间形态结构，并适用于不同空间尺度下的研究。

现代城市不仅是人口和经济活动的集中地，也是复杂的生态系统，具有生态空间结构。城市的生态空间结构也是现代城市研究的一个重要方面，它主要指城市内自然景观（如植被等）的分布与城市要素之间的关系，强调城市与自然环境之间的紧密联系，并在城市可持续性、环境质量和居民生活质量方面发挥着关键作用。复杂网络社区的概念可被用于识别城市内的生态空间结构，分析城市生态空间结构的稳定性，有助于预测城市发展对生态系统的影响，为生态保护和可持续发展提供科学依据。

虽然城市化的发展为人类提供了便利，但也引发了一些问题，如改变地表径流增加洪水灾害的发生、城市热效应等问题[1]。其中，城市热环境问题日益突出，这与城市的空间结构密不可分。基于复杂网络的结构，我们可以发现城市热岛效应形成的机制，进而提出科学的建议，以改善城市热环境，提高居民的生活质量。

基于复杂网络识别与分析城市空间结构，有助于我们更全面地理解现代城市的组织方式和发展趋势。通过获取形态空间结构、生态空间结构等多维度的特征，探究城市空间结构对环境的影响，对剖析城市化本质具有重要的现实意义。

第二节 国内外研究

基于复杂网络视角下的城市空间结构识别与分析包括对城市形态空间结构、生态空间结构的识别以及城市热效应分析。三者形成了一个有机的整体，为城市规划、可持续性和环境管理提供了全面的视角。相应的详细研究概括如下：

一、城市形态空间结构国内外研究

城市形态空间结构的研究主要包括异源数据复合网络建模和顾及空间属性的拓扑结构识别两个方面的内容，并以不同尺度城市形态空间结构研究为例进行应用与验证。本节从以下三个方面分析国内外研究及发展动态：

（一）多尺度城市形态空间结构的研究

1. 城市群尺度城市形态空间结构研究进展

诺贝尔经济学奖得主约瑟夫·斯蒂格利茨 (Joseph Eugene Stiglitz) 断言，21世纪对世界影响最大的事件之一是中国的城市化 [2]。中国城市化研究一直是研究热点，城市群空间结构是反映城市之间社会经济关系的重要指标，相关数据可以支持城市规划和管理的优化。复杂网络方法可以揭示城市群资源分布和空间结构，较传统空间分析方法更具优势。目前，许多学者采用复杂网络方法研究城市群空间结构，主要集中在城市之间连接强度和核心城市重要性分析 [3-4]，例如城市群划分 [5-9]、中心结构识别 [10-12] 等内容。在复杂网络方法中，节点的连接关系是研究核心，这些连接关系既可以是实际物理联系，也可以是某种抽象关系（如社交网络中的朋友关系）。在城市群研究中，节点是城市，边可以是人口迁移、经济贸易、交通运输等实际联系，也可以是反映地域关联的虚拟联系。通过构建城市群网络，我们可以分析城市之间的相互作用、彼此的依赖关系和城市群整体的结构特征等。

城市群可以通过几个关键指标定义和标识：人口规模，城市群应包含多个城市，人口总规模达到一定程度；经济联系，城市群内城市间有密切的经济联系，包括经济互补性、产业链衔接等；地理位置，城市群中城市在地理上靠近，相互间通行方便；动态变化，随着城市的发展，城市群边界和规模也会发生动态变化。依据使用数据源，可将当前城市群研究分成两种：一种是对社会统计数据分析来定义和标识城市群，例如，城市面积[13]、人口规模[14]以及城市之间的经济互动[15]；另一种是采用遥感数据将地理位置上接近的城市及其周围地区标识为统一的城市综合体——城市群[16]。针对社会统计数据，莱文森（Levinson D）等研究美国城市群交通网络结构特征发现，城市群交通网络规模与地位之间呈正相关关系[17]。Liu 等使用社会网络分析法，以交通可达性为指标，研究京津冀城市群、珠三角城市群网络结构[18]。Qin 等采用城际轨道交通数据构建交通网络，分析珠三角城际轨道交通发展对城市群整合的影响[19]。Su 等以 2021 年公路、铁路、航空客运数据为样本，运用复杂网络理论分析内蒙古交通流网络结构和城市群空间发展态势[20]。Peng 等[21]和 Zheng 等[22]使用夜间灯光数据，通过统计分析研究中国区域内城市群的城市发展特征。马学广等采用铁路客运数据，通过细分列车类型，揭示城市群网络结构和空间特征的差异[23]。上述学者的研究很大程度上取决于行政人为划定或沿袭历史划定的行政地理单元收集的社会统计数据的准确性，在考察城市群时空演变时，行政单元空间范围的变化往往会受到政策因素影响，难以顾虑自然地理因素对识别城市群空间结构的影响。

针对遥感数据，国防气象卫星/线性扫描业务系统传感器（Defense Meteorological Satellite Program/Operational Linescan System）和可见光红外成像辐射仪基地轨道卫星（Visible Infrared Imaging Radiometer Suite /NPOESS Preparatory Project）数据均被证明其辐射亮度值可用于反映人类活动、社会经济活动和城市发展状况，包括城市相关的分析人口[24]、国内生产总值（GDP）的估算[25]、能源消耗[26]、二氧化碳排放量[27]和城市货运量[28]等指标的估算以及城市区域提取[29]。Zhou 等使用控制标记符分水岭分割算法将 DMSP/OLS 数据分割成若干地理对象，实现城市区域的提取[13]。Li 等采用 DMSP/OLS 数据，对其进行阈值处理，识别了中国城市群的边界[8]。Yu 等使用 DMSP/OLS 数据，从城市景观的角度使用一种基于对象的方法自动检测和表征城市群[7]。Wang 等在 Yu 的基础上提出了一种动态最小生成树和子图分区方法，综合了城市建成区的空间邻近性和其与之前遥感影像中城市群的从属关系，取得了较好的城市群聚类效果[30]。但上述学者的研究局限于单一遥感数据，他们依据地理邻近性描述的城市群仅代表一个或多个地理集聚区以及城市之间的联系，这种联系被视作不受人为因素干扰的自然联系，却并未考虑城市群空间范围受行政因素和社会关系的影响，因此难以准确地描述现实世界复杂多样的城市关系。鉴于此，结合自然地理因素和社会行政因素识别城市群显得尤为重要。

综上所述，城市群的定义和标识是一个相对主观的过程，研究人员需要结合具体的社会经济数据和自然地理数据评估和认定城市群。在城市群尺度下，城市形态空间结构研究的重点是城市群的空间分布规律，其核心在于研究城市的集聚模式。单一数据源的城市形态空间结构研究会造成研究结果的片面化，且夜间灯光数据分辨率不高，应用到城市群尺度的城市形态空间结构研究，需要与社会经济数据相结合，以提高数据的分辨率和研究的准确性。

2. 城市群尺度城市内部空间结构研究进展

现代城市的形成通常以贸易中心为核心，随着人口增加和社会经济不断发展，城市逐渐变得多元化，城市内部空间结构也向多中心结构转变。在多中心结构中，城市被划分成主城区和多个附属的副中心区，副中心区是已有的城区，或是新开发的城市区域。这种转变反映出城市发展的多样性和复杂性。多中心结构的发展有利于缓解主城区交通和居住压力，提高城市内部的空间利用效率，同时也有利于分散经济和资源的集中度，促进城市区域性经济发展，为城市的创新与发展提供更多的空间。

多中心城市区域和城市中心是城市内部空间结构研究的热点问题，也是描述城市发展方向的重要指标[31]。城市内部空间结构分析是城市规划和城市管理的基础和关键，科学的分析方法和技术手段将有助于更好地了解和掌握城市发展的规律和趋势。针对多中心城市区域和城市中心的空间结构特点，采用复杂网络方法识别城市内部空间结构成为主要研究手段。当前，关于城市内部空间结构的研究主要关注多中心城市区域边界提取和城市中心识别。通常使用位置数据，如社会统计数据、社交媒体数据和起点—目的地（Origin Destination，OD）数据[32]，这些数据通常无法确定多中心区域的边界信息。多中心城市区域是城市内部空间结构研究的重要内容，目前有大量关于城市内部空间形态结构的研究。梁立锋等采用多元地理大数据，通过核密度分析、数据格网化与双因素组合制图方法分析城市内部空间结构[33]。虞虎[34]、刘正兵[35]、刘法建[36]等基于"流"理论和人口迁移大数据出发研究城市网络结构特征。城市尺度多中心城市区域研究使用位置数据，能够准确获取城市内部空间结构的空间位置信息，但这类数据是记录在预设的地理实体范围内的离散空间数据。例如，行政区域（国、省、市辖区等），导致识别出的多中心城市区域范围受到预设边界范围的影响，与实际城市内部空间结构不符。

　　城市中心作为城市内部空间结构的重要组成部分，其识别方法大多依赖于研究人员对当地社会经济情况的主观认知。针对使用方法的不同，可将现有城市中心识别方法分成三类，包括阈值法、局部极大值法和残差法。目前，城市中心识别方法已有大量研究。Hu 等利用 2011—2015 年武汉市微博签到数据，采用大数据挖掘算法，有效识别武汉市商业区范围，并结合复杂网络方法分析商业区商业中心的演化过程[38]。Deng 等提出了基于复杂网络理论提取城市多中心结构及其城市中心的方法，该方法采用兴趣点（Point of Interest，POI）数据识别城市的多中心结构，并通过识别中心节点结构确定城市中心的位置，为城市内部空间形态结构研究提供依据[39]。Lai 等使用上海市出租车轨迹数据构建上海市交通通行网络，通过计算交通通行网络中节点中心度提取中心节点结构，达到识别城市中心的目标[40]。遥感技术具有多波段、多时相以及覆盖范围广的特性，在城市内部空间结构分析研究中得到了广泛应用[41, 42]。魏石梅等采用 VIIRS/NPP 数据，通过构建局部等值线树识别了 2014 年郑州市多中心城市区域及其城市中心[43]。高岩等使用 VIIRS/NPP 数据和 POI 数据，通过核密度分析与双因素制图法，实现深圳市城市形态空间结构的提取和分析[44]。复杂网络方法可以通过网络测度来分析城市网络中的多中心城市区域和城市中心，进而优化城市规划和发展决策，同时还可以预测城市的演化趋势。上述学者的研究虽然已经开始关注采用多源数据研究城市内部空间结构，但仍未涉及如何采用复杂网络方法融合节点集相异的异源数据研究城市内部空间结构。此外，Landsat 卫星数据可以有效解决夜间灯光数据自身分辨率不高的问题，改善夜间灯光数据在城市内部空间结构研究中的精度和结果，更好地为城市内部空间形态结构研究服务，为提升识别精度提供了一种数据源选择。

城市主城区也是研究城市形态空间结构的重要维度。已有学者将核密度分析法、"点—轴系统"理论等应用于主城区提取，如刘金花利用 POI 数据和核密度分析法识别城市主城区的边界[37]。尽管这对城市形态空间结构的描述情况有了较大改进，但因 POI 等数据属于位置信息，无法精确捕捉面状的空间覆盖范围信息，可能导致目前的研究多集中于只需要位置信息的城市多中心结构识别研究，较少研究需要空间覆盖信息的主城区结构，而主城区是城市空间结构主要构成单位，其空间形态的有效描述对城市规划至关重要。近年来，在城市形态空间结构提取中，遥感影像与传统统计数据相比可以宏观描述城市的地表信息，同时可以显示出城市空间差异的更多细节[43]。夜间灯光影像作为遥感影像中最常见的数据之一，有助于城市研究人员获得城市空间结构新见解，尤其是在监测和识别城市建成区方面具有良好的效果[45]。如 He 等人基于 POI 数据以及珞珈一号夜光图像，利用融合小波变换方法，提取城市空间结构中的建成区，试验结果表明提取的精度较高[46]。Feng 等人基于夜间灯光影像采用 K-means 方法成功地识别了北京市城乡边界[47]。Chen 等人将夜间灯光影像看作连续的数学表面模型，并通过地形特征分析的方法识别城市主中心和副中心[48]。遥感数据通过光谱特征能够充分识别不同地物之间的差异，多被用于边界提取问题。但就城市不同组团之间、主城区与非主城区之间、城市中心与非中心之间的地表覆盖类型相似，仅通过光谱特征无法判断某一地理单元的组团、主城区或中心的归属问题。

总之，遥感图像能够反映地物的空间形态分布，然而现代化城市之间的联系具有复杂性、交互性和多样性等特点。城市在不同的功能网络中扮演的角色和拥有的地位各不相同，这使得单一数据源的城市研究很难完整地表达地物信息。因此，采用异源数据协同处理分析城市内部空间结构的演化趋势，提高遥感图像结构表达信息集成性和完整性，为城市规划和管理部门提供了新的思路和工具，这无疑是城市内部空间结构研究的重点所在。

（二）异源数据的复合网络建模的研究

复杂网络凭借开放、无限扩展的结构，只要能够在网络中相互连通，就能整合新的节点，所有节点在一定层面上都有重新排列组合的可能，可以适应城市节点自身发展及其连接状况（外界环境）的不断变化，为空间结构的成长提供了一种弹性的环境。复合网络延续了这一优点，能够集成异源网络的数据优势，反映出网络与网络之间相互依存、相互作用的关系，更好地解释和预测真实世界中的复杂现象。

采用复杂网络分析方法分析城市形态空间结构时，网络构建是影响研究的关键环节。社会统计数据和遥感数据是研究城市形态空间结构的首选数据。由于其天然网络特性，社会统计数据（如位置数据、交通数据和人口数据等）被视为研究的关键数据源。考虑到城市的地域特征，遥感数据（如夜间灯光数据和 Landsat 卫星数据等）成为识别城市形态空间结构的关键数据来源。然而，城市的发展也受到其他条件的影响，无法用单一数据源来充分解释。复合网络可以集成多源网络信息，但这需要多源网络具有公共节点。社会统计数据和遥感数据属于不同类型的数据，它们不具有相同节点，因此不满足这一要求。

复合网络建模的目标是能够有效集成描述图像元素，提高网络的复杂性。许多国内外学者一直专注于相关研究工作。孙晓璇等将"起—止"地点作为公共节点集的高铁网与普通列车网构建交通复合网络，分析交通复合网络和单层网络的拓扑结构特征的静态指标，发现交通复合网络的可靠性优于单层网络[49]。Bindu 等将人作为公共节点集的同事关系网与朋友关系网构建社交复合网络，可以有效检测社交复合网络的异常节点，较单层网络的识别效率更高，具有更高的准确性[50]。沈爱忠等将城市作为公共节点集，构建供应链金融复合网络，分析了金融复合网络的拓扑结构特征和空间分布规律，研究发现复合网络具有明显的小世界特性和无标度特性[51]。上述的网络分析方法尽管能取得较好的分析结果，但这些方法大多采用具有天然公共节点集的社会经济数据，未涉及属性相异节点集的异源数据复合网络建模方法。他们的研究建立在对社会统计数据的复杂网络分析上，未考虑到自然地理因素的影响。遥感数据能够客观反映自然状态下的城市形态空间结构，采用遥感数据和社会统计数据构建复合网络会延续这一空间地域特性，但当复杂网络节点具有空间属性时，会降低城市形态空间结构识别的正确性。

异源数据自身性质的差异性，使得各自得到的复杂网络节点集不一致，无法形成公共节点集。本书将复合网络中的异构节点映射到同构节点上,从而将异源复合网络转化为同构网络,使用传统复杂网络分析的工具和算法,分析复合网络的拓扑结构和动力学性质。因此,如何充分挖掘异源数据的空间共性约束条件,建立复合网络公共节点集成机制,提高异源数据的信息集成性是本书亟待解决的首要问题。

(三)复合网络拓扑结构识别的空间优化的研究

复杂网络有丰富的拓扑结构和复杂的动力学性质[52]。复合网络拓扑结构研究涉及电力网络、社交网络、系统生物网络和交通网络等多个领域,研究人员通过聚类算法将具有强连接关系的节点划分至一个社区结构,中心结构识别依托于数据分布的异质性,发现社区结构中具有核心支配作用的一个或者多个节点。米歇尔·葛文(Michel Girvan)和马克·纽曼(Mark Newman)提出的模块度被广泛应用于识别复杂网络中的社区结构,通常模块度值越高,代表社区质量越高[53]。

结合图理论与空间尺度,遥感图像结构分为局部结构、邻域结构和全局结构三个层次。局部结构是具有明显光谱特征的图像元素形成的结构,与中心节点结构具有映射关系。中心节点结构代表重要节点的集合,其复合形式的识别过程包括复合表达和节点重要性评价。Battiston 等依据节点本身的中心性如节点度、介数中心度和紧密中心度等判断重要性[54]。郑文萍等综合分析本身及邻近节点的中心性判断重要性[55]。邻域结构是局部结构与周围具有光谱强相关性的图像元素形成的结构,与社区结构具有映射关系。复合社区结构代表中心节点结构节点集及与其紧密联系节点集的合集,采用模块度最优算法可以有效地从网络中发现复合社区。Ma 等将多重网络中的社区检测问题建模为组合优化问题,采用复合模块度函数来评估复合社区的适应度[56]。全局结构是全部图像元素形成的具有层次关系的结构,与核心边结构具有映射关系。随机块法是核心边缘结构识别的主要方法,通过分析节点的连接模式判断其类别,具有简单、高效的优点。

复合网络拓扑结构研究十分重视社区结构和中心节点结构识别。城市尺度下,城市群由社区结构识别,核心城市使用中心节点结构映射。城市尺度下,多中心区域由社区结构识别,城市中心使用中心节点结构映射。社区结构揭示了一个网络中存在相对聚集的"群"的特征,目前主流的社区划分算法主要包括

Girvan-Newman[57]、Louvain[58]、Fast-greedy[59]、Walktrap[60]、Infomap[61]、Label Propagation[62] 和 Fast Unfolding[63] 等。中心节点结构是反映一个网络中占重要地位的节点，主要用度中心性[64]、介数中心性[65]、接近中心性[66]、融合中心性[67]、特征向量中心性[68]、PageRank 中心性[69] 和 Topsis 中心性[70] 等度量其重要性。"核心—边缘"结构识别算法能够将网络节点一分为二，识别出的核心结构节点也可用于城市主城区提取。

当前有大量关于社区结构的研究，但仅存在于社交网络、互联网、生物学和物理学等领域，而城市网络相关研究很少。胡昊宇等使用 2018 年中国铁路班次 OD 数据，基于复杂网络理论采用 Louvain 算法挖掘中国区域城市群的社区结构，并利用 PageRank 算法评价城市群的中心节点结构[71]。陈伟等使用全国地级行政单元间的公路客运流数据，基于拓扑图论法采用 Infomap 算法识别中国区域城市的社区结构，其尚未考虑城市群中心节点结构[72]。赖建波等使用"腾讯迁徙"大数据，基于复杂网络理论采用 Fast Unfolding 算法划分中国城市的社区结构，并分别通过 PageRank 算法和节点的度对中国城市分级统计[73]。上述研究主要聚集于社会统计数据复杂网络方法分析，未考虑到自然地理因素的影响。当复杂网络节点具有空间属性时，节点邻近关系会受到空间距离影响呈现空间非平稳性，会降低城市形态空间结构识别的正确性。因此，如何在复合网络拓扑结构识别中嵌入空间属性是城市形态空间结构识别的关键所在。

综上，遥感数据属于空间数据的范畴，其图像元素受到空间属性的影响。因此，构建面向遥感图像结构的复合网络拓扑结构识别的空间优化机制，提高遥感图像结构表达正确性，是城市形态空间结构研究的另一关键问题。

二、城市生态空间结构国内外研究

城市植被在城市生态系统中扮演着重要角色，对城市生态空间的结构和功能至关重要。因此，可以将城市生态空间结构的研究聚焦在植被覆盖的空间结构上。城市化的快速进程导致原有植被覆盖格局显著变化，深入研究城市植被覆盖的空间结构，可以更好地理解和推进城市生态系统的可持续发展。为深入了解其覆盖变化，国内外研究者基于遥感数据分析城市植被多特征，包括覆盖度特征的研究、空间分布特征的研究和社区结构拓扑特征的研究三个方面。

（一）覆盖度特征的研究

当前，国内外植被覆盖变化与城市化的相关性研究多集中于植被与建成区的覆盖特征[74]，即植被覆盖面积变化与建成区面积变化的相关性[75]。例如，黎治华等应用城市化面积指数和植被覆盖率对上海的城市化和生态环境间的变化关系进行了评估研究[76]。Liu 等基于归一化植被指数和夜间灯光数据中的灯光强度值，使用简化的夜间灯光数据校准方法，描述了不同大城市的城市化与植被退化之间的时空关系[77]。研究人员一般分别提取植被和建成区的变化特征，然后采用皮尔逊系数分析相关性，发现植被退化与城市化之间的联系似乎是复杂且非线性的，值得进行长期观察。

早期的此类研究多采用统计数据，Arieira 等使用统计数据和野外采样的观测资料，绘制植被群落并估算不确定性，来进行保护评估和长期生态监测[78]。

卫星技术和传感器技术的发展，为快速获取大尺度、多时相的植被和城市建成区数据带来了可能。遥感技术具有监测范围广、时间序列长、约束有限、成本低等优点，已广泛应用于植被覆盖变化监测中[79]。在 2012 年，Google 推出了 Google Earth Engine（GEE）平台，这是一个可以批量处理卫星影像数据的工具，其云端存储有海量的影像，包括 Landsat 系列、MODIS 等多种公开下载的常用数据集，无须费力地将大量遥感数据下载到本地处理，可以快速、批量地处理大数量的影像。

在遥感领域，对陆地植被的监测主要基于遥感影像数据，根据光谱特性把卫星影像中可见光与近红外波段进行组合。由此产生了植被指数，结合反映植物生长性能的光谱特征，可以为植物生长的监测和分析研究提供基础参数，还能反映植被的生长特征和覆盖度[80]，这一发现成功地激发了学者对植被深入研究的热情。于是，研究人员开始将这一基础理论扩展，发现了多种类型的植被指数，例如归一化植被指数（NDVI）、增强型植被指数（EVI）、比值植被指数（RVI）、绿度植被指数（GVI）等[81]，均被广泛应用在土地覆盖、植被分类、生态环境变化等方面，其中归一化差异植被指数（NDVI）认可度较高，对植被生长状态、植被覆盖度具有更佳的检测效果，还有消除部分辐射误差的优点，被证实为在实际使用中评价最高的植被指数指标[82]。

目前常使用的 NDVI 数据是由 Landsat 卫星传感器（30m）、美国国家航空航天局最新的中分辨率成像光谱仪（MODIS）（250m）、美国国家海洋和大气层管理局（NOAA）甚高分辨率扫描辐射计（AVHRR）（1km）收集的[77]。由于 MODIS-NDVI 和 AVHRR-NDVI 空间分辨率过低、易饱和、低植被覆盖地区降噪不完全等问题[83]，所以本书选择 Landsat 卫星影像计算 NDVI，它有着较高的时空分辨率，更利于植被变化的监测。例如 Huang 等使用 Landsat 卫星影像计算 NDVI 轨迹来监测北京地区主要的土地覆盖动态，确定了土地覆被变化的主要类型[78]。

植被覆盖损益特征提取方法则是采用多时相的遥感数据获取植被覆盖度（Fractional of Vegetation Coverage，FVC），可更好地揭示地表植被覆盖空间演化和评价区域生态环境，其中使用最广泛的是像元二分模型，它是最简单的一种线性混合像元分解模型，它将遥感影像的像元分解为植被信息和非植被信息两部分，估算其中植被部分占像元的百分比即为该像元的 FVC，通过分析植被覆盖度的灰度变化提取损益特征[112]。一般情况下，学者将植被覆盖度分为低覆盖度（<30%）、中低覆盖度（30%～45%）、中覆盖度（45%～60%）、高覆盖度（>60%）[113-114]。

同时，学者解译多时相遥感影像的建成区，通过分析建成区的变化情况获得建成区损益特征[80]。由于快速城市化及其引起的相关环境问题，目前大部分研究都是针对区域性尺度城市建成区提取，因此，开发出一种快速、准确地提取城市建成区的方法成为一项紧迫的工作。目前快速制图的基础数据主要包括土地调查数据、Landsat 影像数据以及 MODIS 影像数据等。而夜光遥感数据具有较好的数据稳定性及时间分辨率，DMSP/OLS 和 VIIRS/NPP 数据被广泛地应用在城市化扩展和城市内部经济发展研究中[84]。能够反映人口密度信息、经济态势的夜光遥感数据迅速发展，已成为当前分析建成区覆盖损益特征的主要数据源[85]。

（二）空间分布特征的研究

空间统计分析是基于区域化变量理论，采用变异函数方法，研究变量要素在空间分布上的随机性和结构性的地理空间现象的定量研究[86]。该方法能充分利用地理空间数据，挖掘空间目标的潜在信息，包括空间位置、分布、方位、拓扑关系等。空间统计分析主要研究变量分布特性，如集中性、离散性和聚集性等[87]，国内外学者主要用于研究疾病防控、犯罪分布、生态环境和社会经济等领域。

20 世纪 60 年代，学者逐渐将统计分析方法应用在地理方面，将地理学原有的定性分析推向定量分析，促进了空间统计分析的产生。马特龙在此基础上通过关联空间数据提出了地统计学原理，促生了一种新的地理空间科学[88]。接下来 Journel 通过大量实践研究，将此技术发展到完善的程度[89]。Yang 等则应用日渐成熟的空间统计分析方法研究了美国大都市地区的多中心城市结构[90]。空间统计分析越来越多地被广大学者所接受。

空间分布特征分析已经在地理信息数据分析研究中广泛应用，主要的空间特征计算方法包括全局/局部莫兰指数分析[91]、地理加权回归分析[92]和标准差椭圆法[93]等。有学者采用微博签到数据和 VIIRS/NPP 数据，通过局部莫兰指数分析人口密度的空间分布特征，提取了城市中心[94]。杨等采用地理回归分析方法建立了房价与空间距离的关系，实现了对房价的有效预测[95]。Rekha 等用标准差椭圆确定了疟疾的空间分布格局和热点的发生方向分布趋势，帮助病情得到控制[96]。

标准差椭圆作为描述变量分布特征在其中心周围的离散的经典统计方法，通常用于汇总特征的分布和方向来勾勒出相关特征的地理分布趋势。标准差椭圆法（Standard Deviational Ellipse，SDE）最早由韦尔蒂·利菲弗 (D. Welty Lefever)[97]于 1926 年提出，可分析要素的中心性、展布性、方向性、空间形态等空间特征[98]，多用于地形均衡分布、经济空间格局、城市问题等各个领域[99]。例如，利用标准差椭圆法分析夜间遥感数据，能够提取城市规模在空间上的集中程度和方向变化趋势、经济空间格局时间变化特征[100]。

标准差椭圆被许多研究领域所利用。如在生态环境保护方面，Baojun 等使用 SDE 定量分析污染物屏障颗粒中的取向各向异性[101]；Yuan 等采用标准差椭圆法研究了植被的空间分布和方向变化[97]，更全面地揭示了区域性植被的动态变化规律。

标准差椭圆可展示要素各向异性的离散程度和方向趋势，实现空间分布和方向转换动态演化，极大地诠释植被的动态变化规律。

（三）社区结构拓扑特征的研究

当前有大量关于社区结构的研究，但主要集中于社交网络、互联网、生物学和物理学等领域，植被相关研究较少。国内学者江伟基于复杂网络理论的社区发现算法对群系网络进行聚类，研究此算法对中国植被类型群系分类的效果[112]，但是其研究不够全面，仅对植被类型进行了群系分类，没有结合地理分布对社区结构拓扑特征进行深入探讨。

复杂网络是具有非平凡的拓扑特征的网络，这些特征在简单的网络（如网格或随机图等）中不会出现，但经常出现在代表真实系统的网络中。自 2000 年以来，复杂网络的研究作为一个年轻而活跃的科学研究领域[102]，主要是受到计算机网络、生物网络、技术网络、大脑网络、气候网络和社会网络等现实世界网络的实证研究的启发形成的。它的两个著名研究课题是无标度网络[103]和小世界网络[104]，其发现和定义是该领域的典型案例研究。两者都具有特定的结构特征，前者是幂律度分布，后者是短路径长度和高聚类。然而，随着对复杂网络的研究越来越流行，生态网络逐渐走进大众视野，其网络结构的许多其他方面也吸引了人们的注意。

生态网络作为由生态源地和生态廊道构成的点线形式的复杂网络，关于它的结构和功能的研究对于生态环境的稳定性具有重要意义。目前的生态网络主要是对其生态节点和生态廊道进行研究，如马欢等对生态脆弱区防护网络构建及分区进行研究，重点分析了源地、生态廊道和潜在生态节点[105]；许文雯等基于最小阻力模型对南京主城区的生态网络进行分析，识别了重要生态斑块[106]；王敏等采用空间网络分析方法构建植被空间网络分析其网络特性，进一步探讨了植被网络内在机理[107]。

社区发现主要是研究复杂网络的结构，识别出其社区结构。社区检测作为一个重要的课题，涉足许多研究领域。社区检测算法试图在一个系统中识别区块，目的是探索该结构与网络的功能之间的关系。虽然群落结构没有严格的数学定义，但模块化度量是最常用和最著名的量化图中群落结构的函数之一。从经验的角度来看，高模块化值通常表示良好的分区质量。用于模块化最大化的技术可以分为四大类：贪婪、模拟退火、极值和谱优化。Blondel 等基于贪婪优化技术采用不同的方法将顶点合并到社区中，以实现更高的模块化，从而生成了高质量的社区[108]；Guimera 等基于模拟退火技术采用概率算法对模块化进行了全局优化[109]；Duch 等研究发现极值优化是一种启发式搜索算法，并提出了一种基于模块化值最大化的复杂网络中社区结构的寻找方法[110]；Ruan 等利用特殊矩阵的特征值和特征向量提出了一种用于模块化优化的有效谱方法，在现实世界网络中检测出有趣且有意义的社区结构[111]。这些方法基于模块化优化所检测到的社区的质量非常好，但是网络的所有可能社区划分数量巨大，实现强大的可扩展性和高质量的社区检测仍然是一个具有挑战性的研究问题。而 Blondel 等引入了一种流行的贪婪社区检测算法在多个应用领域得到了广泛的应用，被广大学者所认可，即 Louvain 算法。该算法是模块度社区发现算法基础之上的改进，能够识别模块化程度最大的社区，使模块度达到最优，具有快速收敛性、高度模块化和分层划分等优点。

到目前为止，复杂网络学科下的社区检测研究多不具有空间位置属性信息，与此同时，将网络科学中产生的最新社区检测方法应用于植被覆盖演化研究中还存在不足。生态网络研究存在社区监测空白，即没有描述生态网络社区结构拓扑特征的地理分布。因此，从网络中识别社区也逐渐成为网络科学研究的一个热门领域，而在生态网络中使用社区结构研究植被群落网的稳定性则成为一个新的研究方向。

三、城市热效应分析国内外研究

城市热环境是一种新概念，由气象与环境领域的专家在城市热岛效应的概念基础之上延伸扩展，指影响人体冷热感与健康的各种物理因素构成的环境。城市热环境和城市热岛之间紧密联系，共同之处在于它们的衡量指标均为地表温度或大气温度，差别在于热岛效应侧重于城市与郊区的温度差别，因此热岛效应可作为城市热环境的一种集中性表现形式[115]。

对于城市热岛效应的研究，可以追溯到 19 世纪初期。那时人们开始意识到城市与周围地区的温度差异。随着城市化进程的加速，城市热岛现象变得更加明显，引起了更广泛的关注。在 20 世纪中叶，人们开始使用遥感技术和计算机模拟工具来研究城市热环境，这使得我们对城市气象学和热环境的理解得到了显著的提升。目前，在全球范围内，有许多研究机构和学者致力于城市热环境的研究，从而为城市规划、建筑设计和环境管理提供有效的参考数据和决策支持。遥感数据因其可直接提取城市地表温度信息并具有获取成本低、范围广、周期短和精度高的特点，成为国内外大量学者研究热环境的有效手段。我国对于城市热环境研究主要分为三个阶段：第一个阶段，城市热环境主要是以一维点的空间视角进行研究，主要关注城市中点源与周围环境的热交换过程。第二个阶段，城市热环境的研究逐渐转向以二维面的空间视角进行研究，注意力逐渐从点源热交换向城市的整体热环境演变。第三个阶段，研究对象逐渐从地表扩展到了城市内部三维的热环境，模型和数据的精度也得到了显著提升。这三个阶段反映了城市热环境研究从单一维度到多维度的发展趋势，其研究方法和技术手段也不断完善和创新。在未来的城市热环境研究中，需要采用更全面的研究方法和先进技术了解城市热环境的演变规律，为城市规划提供更准确的数据和模拟分析结果。当前，热环境研究的主要焦点仍然集中在分析城市土地利用对热环境的影响。

土地利用大多通过土地类型和布局变化来影响城市热环境。例如，城市中的水体和绿地可以吸收太阳辐射，降低地表温度，减缓城市热岛效应的产生。而建筑物和人类活动区域的热量排放则会导致周围地区温度升高。此外，不同的土地利用类型和格局也会对气流的运动和湍流强度产生影响，从而对热环境的形成和演化产生重要作用。利用遥感技术和地面观测数据可以获取城市热环境的空间分布信息，揭示不同土地利用类型和格局对热环境的影响，同时为城市规划和设计提供有力的工具。随着研究的深入，国内外学者通过构建线性关系来定量判断两者的相关性及影响程度，而不是单纯的定量研究[116]。赵毅等利用 Landsat 系列卫星三期遥感数据，研究西安市主城区不同土地利用类型的热效应和西安市灞河两岸用地面积占比与地表温度在纵向和横向上的定量关系[117]。谢哲宇等基于遥感技术和统计学技术，研究归一化植被指数（NDVI），发现南昌市植被覆盖度与地表温度呈负相关，且建设用地的地表温度大于耕地和林地[118]。房力川等以土地利用数据为基础，划分 1km × 1km 的网格，并建立回归方程定量探究土地利用与地表温度的关系，研究发现在 2000—2006 年，建筑用地、裸地均与地表温度呈正相关，且建设用地相关系数最大。水体、林地、农地和草地均与地表温度呈负相关[119]。现阶段的研究主要是地表温度与归一化植被覆盖指数（NDVI）、归一化水体指数（NDWI）和归一化建筑指数（NDBI）等不同指数的线性关系。未来在城市热环境及其与土地利用的关系研究中，将进一步深化对热岛效应的机理和形成过程的理解，探究城市化对热环境的长期影响，并为城市可持续发展提供更加科学的管理和设计策略。

复杂网络是一种典型的系统科学研究对象，其重点在于网络的整体结构和动态演化规律，以及网络中各个节点之间的关系、耦合和演化过程等。它的研究不仅有助于人们理解和模拟自然和人造系统的行为特征，还可为人们提供深入理解和应对实际问题的有效方法和思路。一些研究表明，热效应分析可以根据研究范围将数据的像素尺寸进行精确的划分，以便更好地捕捉温度变化，再使用统计产品与服务解决方案软件（SPSS），可以计算出每个区域的平均气候数据，并将它们与其他区域进行比较。综上所述，基于复杂网络研究城市土地利用的热效应具有可探索性。

第三节　研究内容

一、复杂网络下的多尺度城市空间形态结构研究

本书将异源数据与复杂网络理论相结合，提出了一种基于异源数据和复杂网络的城市空间结构识别方法。该方法能够从多种角度发现城市空间结构与城市化之间的联系，并且优化了核心城市和城市中心的提取精度。主要研究内容如下：

（一）融合异源数据的复合网络模型构建方法

本书提出了一种融合异源数据的复合网络模型构建方法，通过建立空间均质性约束下的复合网络公共节点集，采用空间累加法计算复合网络融合权重，构建出复合网络模型，为具有不同结构的异源数据融合提供一个可靠的手段。

（二）复合网络城市空间结构识别方法

从遥感数据源具有空间属性的本质出发，实现了顾及空间属性的复合网络城市空间结构识别方法，将城市空间结构的识别问题转化为复合网络的分析问题，使得识别结果更加准确、可靠。同时，该方法还具有较强的可操作性和通用性，可以应用于不同尺度和不同数据源的城市空间结构识别，对复杂网络理论应用于空间数据分析具有更积极的意义。

（三）城市群空间结构分析模型

设计一种采用 DMSP/OLS 数据和铁路网数据的城市群空间结构分析模型。首先，使用复合空间邻接矩阵融合异源数据；其次，通过 Louvain 算法识别城市群社区结构；最后，采用城市综合实力指数（UCSI）有效描述核心城市重要性。该模型为城市化进程分析提供了新思路。

（四）城市内部空间结构分析模型

设计一种采用 VIIRS/NPP 数据和 Landsat 8 数据的城市内部空间结构分析模型，有助于更好地了解和掌握城市的时空演化规律和发展趋势。

（五）基于特征向量中心度的城市主城区提取方法

复杂网络的中心性理论能够表达不同的网络节点对于整个网络的重要性，复杂网络"核心—边缘"结构理论将网络节点分为核心结构类节点和边缘结构类节点，其中核心结构类节点是中心度较强、较为关键的一类节点，能够为提取城市主城区提供依据。为了将上述两种理论应用到城市主城区识别，首先，利用特征向量中心度改进复杂网络"核心—边缘"结构识别算法提取网络核心结构类节点。其次，以城市组团为单位，利用节点空间属性与中心性理论相结合提取网络的中心结构节点。最后，利用分形网络演化算法映射城市主城区，实现提取。

二、基于复杂网络社区的城市生态空间结构识别及稳定性分析

城市植被不仅是城市环境中的重要组成部分，而且对维持生态平衡、增强城市抵御气候变化等方面有一定的影响，在城市生态系统中具有关键作用。因此，将城市生态空间结构的研究聚焦于植被覆盖空间结构的探讨，深入挖掘植被覆盖的空间结构，有助于揭示城市内部的植被分布、互联性以及探究城市生态系统的稳定性。为了研究不同的地理环境、经济发展程度的城市之间的植被相关性差异以及时空演变规律，确保城市面对不断增长的挑战能够维持其生态平衡，本书从覆盖度特征、空间分布特征和基于复杂网络社区结构特征分析城市植被的多维特征，具体如下：

（一）基于大津算法的城市植被覆盖自适应损益特征提取及分析

为了在覆盖度特征下描述城市植被覆盖变化与城市化的关系，本书采用像元二分模型计算提取植被覆盖，采用大津算法（OSTU）自动提取指标覆盖度，并构建分级植被覆盖度特征。同时，将覆盖度计算方法引入城市覆盖度计算，实现城市覆盖度特征构建方法。最终，通过植被覆盖度特征和城市覆盖度特征的相关性分析，揭示植被变化和城市化在覆盖度特征下的规律。

（二）采用标准差椭圆的城市植被空间分布特征提取及分析

本书基于覆盖度特征成果，在空间分布特征下描述城市植被覆盖变化与城市化的关系。引用标准差椭圆方法分别计算植被覆盖度和城市覆盖度的标准差椭圆和重心，构建多层次空间分布特征。通过对植被覆盖变化和城市覆盖变化的空间分布特征相关性分析，揭示植被变化和城市化在空间分布特征下的规律。

（三）基于社区拓扑结构的植被群落提取及稳定性分析

为了在社区结构拓扑特征下描述城市植被覆盖群落的演化，本书基于覆盖度特征和空间分布特征成果，提取植被斑块作为生态源地，采用最小累积阻力模型（Minimal cumulative resistance，MCR）计算最小累积耗费阻力面，生成最小成本路径作为生态廊道，利用社区检测算法发现社区，构建多时相社区结构拓扑特征。最终，通过植被社区结构拓扑特征变化分析，揭示植被变化和城市化在社区结构拓扑特征下的规律。

三、基于网络结构的城市空间结构热效应分析

为了更好地理解城市热效应的复杂性，我们需要考虑城市空间结构中的城市土地利用这一重要组成部分。城市土地利用不仅代表了城市内不同区域的土地资源配置和使用，同时也对地表热环境产生直接的影响。因此，在本研究中，我们借助复杂网络理论和分形理论，探索了城市土地利用类型的分布与城市地表温度之间的关系。通过分析城市土地利用与地表温度的相互作用，揭示土地利用变化对地表热环境的影响，从而更好地理解城市热效应的机制。具体研究内容如下：

（一）采用大气校正方法反演城市地表温度

本书基于大气校正法完成城市地表温度反演。首先，确定植物的覆盖面积；其次，对地面的辐射强度进行测量，从而获取准确的温度数据；最后，反演地表温度，得到反演结果。

（二）复杂网络构建及指标计算

基于六度分离理论构建地表温度网络、NDVI 网络和 NDBI 网络，并计算每个网络的网络指标，作为后续的相关性分析的基础数据。

（三）相关性分析

采用回归分析法研究 NDVI 网络、NDBI 网络与城市温度网络的相关性，并基于分形理论得到研究区域的城市土地利用分形指标，用于探究城市土地利用与城市热环境间的关系，从而得出城市土地利用状况与地表温度的关系。

第二章 复杂网络基础理论

复杂网络主要是指具有复杂拓扑结构和动力学行为的大规模网络，是由众多的节点通过边的相互连接而构成的图。通常用邻接矩阵或者邻接表表示网络，可以对网络进行一些科学计算，从而提取出我们需要的信息。拥有多种特征的复杂性网络系统称为"自组织、自相似、吸引子、小世界、无标度"，这些特征使得它们能够在不同的情况下表现出不同的行为。一般来说，错综复杂的网络系统可以划分为无向无权图、有向无权图和有向加权图三种。

复杂网络理论为城市空间结构的研究提供核心支撑。通过网络的拓扑结构和动态特性，可以研究城市内部和城市之间的各种关系，能够深入了解城市中的节点、节点之间的联系以及这些联系如何影响城市的整体性能，从而探讨城市空间结构的复杂性和实际应用，为后续研究工作奠定坚实的基础。

第一节　复杂网络特性

在现实生活中具有复杂网络特性的网络随处可见，如计算机网络、物流网络、社交网络、电力网络、交通网络等，这表明复杂网络已经与我们的生活息息相关。复杂网络是反映某种事物关系的抽象化系统，例如，在城市网络中，所有城市可以视为网络节点，城市之间的相互作用关系可以视为网络的边。复杂网络能够有效描述网络中节点之间的联系以及节点自身性质。复杂网络具有极高的可变性、可塑性和复杂性，其主要特性包括以下几点：

一、小世界特性

复杂网络的小世界特性通常被称为六度分割理论[1-20]，指网络中的任意两个节点最多通过其他六个节点就可以相互连接，如图 2-1-1 所示。这一特性有益于信息在复杂网络内的传递，只需通过一些节点，就能够有效地加快信息传播速度。小世界网络表现出较好的鲁棒性，当少数节点失效或断裂时，网络仍能够保持大部分连接，保证信息的正常传递，具有较高的连通性和强大的抗干扰能力。小世界网络特性研究有助于更好地理解复杂网络的形成和演化机制，对控制和优化复杂网络系统具有重要意义。

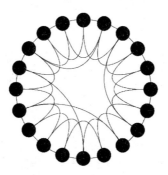

图 2-1-1　小世界网络示意图

二、无标度特性

在复杂网络中，节点和连接边的数量分布不均衡，一些节点连接边数较多，另一些节点则连接边数较少，这种不均衡分布被称为"无标度网络"。无标度网络存在部分超级节点，称为"中心节点"或"枢纽节点"，它们连接着大量的其他节点，具有非常高的中心性。这些中心节点在网络传输、信息传播和节点的重要性等方面扮演着重要的角色。如图 2-1-2 所示的无标度网络中，黑色节点连接数量远高于其他节点，处于网络边缘的节点连接数量更少。无标度网络通常呈现出高聚集性、短路径长度、鲁棒性和异质性等特征。高聚集性表现为网络中存在很多三角形或其他形式的小型子图。短路径长度意味着只需经过很少的节点就可以连接到网络中的任何其他节点。鲁棒性表现为无标度网络可以保持其性质不变，即使节点或连接数量发生一些变化。异质性表现为网络中存在一些极度集中的节点，这些节点对整个网络的结构和功能具有重大影响。无标度特性反映复杂网络在总体上的分布不均匀，研究网络的无标度特性有助于理解和模拟各种复杂系统，包括社交网络、物流网络和神经网络等。在实际应用中，无标度网络的设计和优化成为重要的研究方向，保持无标度网络的鲁棒性和稳定性也是未来研究的重点。

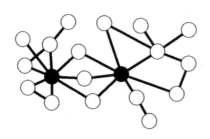

图 2-1-2　无标度网络示意图

三、社区结构

社区结构是复杂网络的重要特征，社区结构示意图如图 2-1-3 所示。社区结构代表着网络中具有紧密联系的节点集合，其中节点之间的连通密度较高，而与外部节点的连通密度较低。这种分离使得复杂网络具有更高的模块度，即某些区域内的节点往往会共同参与某些特定的功能或活动，而与其他区域内的节点相对独立。这在社交网络、物流网络、生物网络等众多实际场景中十分常见。社区结构的研究可以更好地了解网络的内部机制以及节点之间的相互作用，有效优化和改进网络的性能，发掘复杂网络的潜在规律和隐藏特征。同时，社区结构还有助于应对网络中的节点聚集和散开等复杂现象，探究网络中节点的传递和交互方式。

现实网络多具有社区结构特性，尤其是城市网络。城市网络社区结构中节点具有更高的联系强度，研究城市网络社区结构可以充分理解城市内部的联系和互动方式，为城市规划、社交网络分析等领域提供参考数据来源。社区结构的识别对研究城市网络拓扑关系、提取城市组团具有重要意义，常见的社区结构识别方法包括 GN 算法、Louvain 算法、标签传播算法（LPA）等。

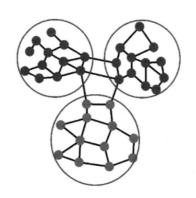

图 2-1-3　社区结构示意图

四、中心性

中心性思想最早被应用于社交网络的社区结构研究[121]，随后这一概念被广泛应用于传染病传播、信息和通信系统、经济学、工程学等各个领域。中心性用来表示的是一个节点在整个网络中的中心程度，而这个程度量化表示就称为中心度。也可以理解为在一个复杂的网络中，失去某一个节点对网络造成的影响大小。在复杂网络中，中心度相对较大的节点比中心度较小的节点对网络的整体运行、网络的平均距离以及网络的安全性等会产生更大的影响。当中心性较高的节点受到破坏时，会影响整个网络的结构和功能。

第二节 复杂网络特性的评价指标

复杂网络的特性可以通过各种评价指标来定量分析和描述。通过分析指标，能更好地理解复杂网络的节点连接模式、关键节点位置、信息传播效率和社区结构等特性，从而揭示网络的整体结构和功能。以下列举、说明了一些用于评价复杂网络特性的常见指标：

一、小世界特性的评价指标

（一）平均路径长度

路径表示从某一个节点出发到达其他节点所需要经过的连边，路径的总长就是指连边的总数。d_{ij} 是最短路径[16]。L 是平均路径长度。具体计算公式如下：

$$L = \frac{2}{(N-1)(N-2)} \sum_{j \neq i} d_{ij}$$

其中，N 表示网络中所有节点的数量。

（二）聚类系数

聚类系数是一个描述网络连接特征的指标，可以对节点的连接性进行分析，了解网络的连接结构和连通性。其中，C_i 如式：

$$C_i = 2E_i / (k_i - 1)k_i$$

其中，$2E_i$ 表示节点 i 的邻居节点之间实际存在的连接数（每条连接计算两次），K_i 表示节点 i 直接连接的邻居节点数。C_i 的取值范围在 0 到 1，C_i 越接近 1，表明节点 i 所在的子图越连通，表明节点 i 的邻居节点越密切。而 C_i 越接近 0，表明节点 i 所在的子图连接比较稀疏，表明节点 i 的邻居节点之间关联程度较低。

二、无标度特性的评价指标

（一）幂律指数

幂律指数是一个重要的度量，用于描述度分布的斜率。较小的幂律指数表示网络中的无标度特性更为显著，因为它表示存在更多具有极高度数的节点。

（二）度分布

度分布是常用于评价无标度性的指标。它描述了网络中每个节点的度数的分布情况。在无标度网络中，度分布通常遵循幂律分布，其中，只有少数节点具有极高的度数，而大多数节点的度数较低。

三、社区结构的评价指标

社区结构是对网络顶点集合的一个划分，然而一个集合的划分可以有多种形式。对任何给定的网络进行分区可以有许多不同的方法，关键问题在于分区质量的高低。为了判定哪个分区划分是合理的社团结构并定量地衡量社团结构的质量，研究人员提出了一些度量标准，其中常用的有模块度，模块度记作 Q，由 Newman 和 Girvan 提出。模块度将可能分区中边的实际密度与给定随机性零模型预期的密度进行比较。模块度在节点上的定义方式如下：

$$Q = \frac{1}{2m} \sum_{ij} (A_{ij} - \frac{k_i k_j}{2m}) \delta(C_i, C_j)$$

$$\delta(u,v) = \begin{cases} 1, when\ u=v \\ 0, else \end{cases}$$

其中，m 是网络的总边数，k_i 和 k_j 是节点的度，而 C_i 是节点 i 所在的社区。并且当 $C_i = C_j$ 时，$\delta(C_i, C_j) = 1$，否则为 0。其中，A_{ij} 节点 i 和节点 j 之间边的权重，网络不是带权图时，所有边的权重可以看作 1；$k_i = \sum_j A_{ij}$ 表示所有与

节点 i 相连的边的权重之和（度数）；$m = \frac{1}{2}\sum_{ij} A_{ij}$ 表示所有边的权重之和（边的数目）。

模块度的大小是由相应的网络中节点的社区分配 C 决定的，也就是说，网络的社区检测的结果能够用作衡量社区检测的质量，它的值越接近 1，代表着网络检测出来的社区结构的强度越大，相应地，检测的质量也越好。因此，可以使得模块度 Q 最大化来获取最优的网络社区检测结果。这样，网络的社区结构检测问题也就转化成了一个最优化的问题。

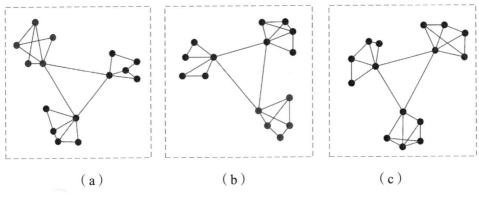

（a）	（b）	（c）

图 2-2-1　各种不同网络社区的模块度示例

（a）Q=0.576，有 3 个社区；（b）Q=0.384，有 2 个社区；（c）Q=0.253，有 2 个社区

模块度为社区内部与社区之间的连接强度提供了精确的度量评定。如图 2-2-1 所示，显示了不同社区的模块度，如顶点颜色所示。图 2-2-1（a）显示了三个相同的社区，每个社区都包含一个与其他两个社区相连的守门顶点。图 2-2-1（b）和图 2-2-1（c）显示了具有不同顶点成员的两个社区。图 2-2-1（a）和图 2-2-1（c）中的模块度系数的不同反映了在同种情况下（即相同数量的顶点，边及其分布）与相同结构的图相关联的不可预见程度。不同的模块度系数反映了该结构各个顶点分配给不同社区的程度。

四、中心性的评价指标

（一）度中心性

度中心性是网络结构汇总重要的评估指标，可以帮助研究人员更好地了解复杂网络中的节点中哪些更关键，并且可以通过计算节点 i 的度值来衡量，这个度值如式：

$$K_i = \sum_{j}^{N} a_{ij}$$

其中，a_{ij} 取值只有 0 或 1。0 表示两个节点之间没有边连接，1 则表示两节点之间是连接的。为了对不同量化级别的网络进行度中心性评价，需要进行归一化，如式：

$$DC_i = \frac{k_i}{N-1}$$

其中，N 表示全部节点数量，$N-1$ 表示节点最大可能度值。

（二）介数中心性

介数中心性是区别节点在网络中地位和作用的一个重要指标。该指标通过计算所有最短路径中经过该节点的数量，并将其除以所有最短路径的数量，从而反映了该节点在信息传递和流动过程中的影响力和控制能力[122]。计算如式：

$$BC_i = \sum_{i \neq s, s \neq t} \frac{g_{st}^i}{g_{st}}$$

其中，g_{st}^i 表示节点 s 到 t 的最短路径中经过节点 i 的次数；g_{st} 表示节点 s 到节点 t 的最短路径数目。同样需要进行归一化，如式：

$$BC_i = \frac{2}{(N-1)(N-2)} \sum_{i \neq s, s \neq t} \frac{g_{st}^i}{g_{st}}$$

（三）接近中心性

接近中心性是衡量网络节点重要性的重要指标。这个指标可以帮助我们分析网络的连接结构，理解哪些节点在网络中处于核心位置，从而更好地设计和优化网络。节点 i 与其他节点的平均距离计算如式：

$$d_i = \frac{1}{N-1}\sum_{j \neq i} d_{ij}$$

通常是计算 d_i 的倒数，如式：

$$CC_i = \frac{N-1}{\sum_{j \neq i} d_{ij}}$$

（四）特征向量中心性

特征向量中心性综合考虑了一个节点与其相邻节点间的连接强度，谷歌的 PageRank 算法是其变体。节点 v_i 的特征中心度如式：

$$\lambda x_i = \sum_{j=1}^{N} a_{ij} x_j$$

其中，特征值 λ 为大于 0 的常数。上述公式可以转化为特征方程如式：

$$AX = \lambda X$$

通常情况下，特征向量的解会有多个 λ。依据佩龙－弗罗宾尼斯定理（Perron-Frobenius Theorem），只有特征值最大时才能测量出理想的中心度。节点 v_i 的特征向量的第 i 个分量即为中心度。

第三章 复杂网络下的
多尺度城市空间形态结构研究

从城市群尺度和城市内部空间结构尺度，整合多源数据，以复杂网络特征为基础，研究城市空间形态结构。在城市群尺度的研究中，考虑综合因素和空间属性，融合异源数据，构建复合城市群网络模型，利用复杂网络社区结构识别城市群，基于中心节点结构的识别核心城市。在城市内部空间尺度的研究中，结合现代城市的多中心结构，利用基于遥感影像的多中心城市区域和城市中心提取方法识别城市中心和多中心城市区域，进一步介绍多源遥感影像提取城市主城区的方法，使得城市空间形态结构的研究更全面。

第一节　研究区域概括及数据预处理

一、研究区概况

城市群尺度研究区域是胡焕庸线[123]东南侧除海南、台湾、神农架林区以及南海诸岛的中国区域内部分行政市。区域包含 15 个国家级城市群，包括京津冀、长江三角洲、长江中游、哈长、辽中南、成渝、山东半岛、中原、山西中部、关中平原、海峡西岸、北部湾、滇中、黔中和粤港澳大湾区。从国家基础地理信息中心（National Geomatics Center of China，NGCC）获取的行政区划数据可知，东南部城市群贡献了我国 85.53% 的 GDP，是我国经济增长的重要驱动力量。城市群空间结构反映城市空间集聚情况和区域发展水平，科学配置城市群空间结构对城市协调发展具有重要意义。

大多数多中心结构城市是大城市，位于平原地区。选择位于东北、四川和汉中平原的沈阳市、成都市和西安市作为研究区域。其中，辽宁省会沈阳市是东北地区重要的核心城市和先进的装备制造基地；成都市是四川省会和成渝地区双城经济圈的核心都市，在教育、商业和高科技产业领域具有重要地理特征，西安市是陕西省会和西部核心城市，是国家重要的科研、教育和工业基地。这些城市是区域中心，其城市规划对其他城市具有重要影响。城市结构是城市空间格局的抽象结果，本研究区域不包括远离主城区的城镇。

二、数据来源

（一）夜间灯光数据

夜间灯光数据具备表征人类活动特征、区域经济增长和城镇化发展水平的功能。DMSP/OLS 和 VIIRS/NPP 数据是目前应用最广泛的夜间灯光数据。夜间灯光数据的收集与分析在城市规划和管理中具有重要意义。城市区域具有较高的像元亮度值，像元亮度值较低区域或者无灯光亮度的区域被认定为背景区域。通过分析夜间灯光数据，可以提取出城市区域，分析城市区域发展水平，进一步引导城市健康可持续发展，为城市研究和城镇化监测和预测等方面提供科学的数据支持。

DMSP/OLS 数据来自美国国家地球物理数据中心（National Geophysical Data Center，NGDC），空间分辨率为 30arc-seconds（约为 1000m）。NGDC 自 1992 年起开始整理、收集、校正与合成以年为时间跨度的全球稳定夜间灯光数据（1992 年至 2013 年），该数据去除了极光、野火等不稳定光源以及月光、云的干扰，其像元亮度值（DN 值）范围为 0～63，0 表示背景值，数值越大表示该区域人类活动越频繁。由于传感器自身缺陷，DMSP/OLS 数据存在数据不连续[124] 和灯光溢出效应[125]。当前大多采用不变目标区域法，通过构建线性回归模型校正 DMSP/OLS 影像，极大地缓解了这一类问题。DMSP/OLS 数据已被广泛应用于夜间光污染、城市化研究、灾害监测和预测等领域。其中，城市化研究是 DMSP/OLS 数据应用最为广泛的领域之一。研究包括城市功能区划分、交通网络优化、城市建设规划和城市生态系统服务等方面。通过分析城市和农村地区的夜间亮度值，可以确定城市扩张和人口增长的速度以及城市对周围自然环境的影响程度。

VIIRS/NPP 数据来自美国国家航空航天局（National Aeronautics and Space Administration，NASA）和美国国家海洋和大气管理局（National Oceanic and Atmospheric Administration，NOAA）等机构，空间分辨率约为 750m。夜间灯光遥感影像（Day/Night Band，DNB）是 VIIRS/NPP 探测夜间灯光强度的主要波段[126]，波长范围为 0.5～0.9，光谱分辨率为 14-bit。与 DMSP/OLS 数据相比，VIIRS/NPP 数据执行了在轨辐射定标，不会出现过饱和现象，其对地球表面夜间灯光更敏锐。数据中会出现噪声，杂散光源、闪电、冰雪高反射导致的数据异常等。VIIRS/NPP 年合成数据过滤了云覆盖和噪声的影响，可用于监测地球表面的自然环境变化及人类活动。该数据具有高精度、全球性、多光谱、多角度等特点，为环境监测、资源调查、灾害评估、城市研究等领域提供了重要支持。随着技术的不断进步和应用场景的不断拓展，VIIRS/NPP 数据的应用前景将更加广阔。

本书依据两种夜间灯光数据的特点，城市群尺度下采用 DMSP/OLS 夜间灯光数据阈值分割提取我国区域内城市建成区，并结合铁路客运数据实现城市群空间结构的识别。城市尺度下采用 VIIRS/NPP 夜间灯光数据提取灰度极值特征点，并结合 Landsat 8 数据通过构建复合城市网络实现多中心城市区域、城市中心以及城市主城区的识别。

（二）Landsat 数据

美国陆地卫星（Landsat）系列卫星由美国国家航空航天局（NASA）和美国地质调查局（United States Geological Survey，USGS）共同管理，是用于探测地球资源与环境的系列地球观测卫星系统。Landsat 卫星在 1975 年前被称为地球资源技术卫星（Earth Resources Technology Satellites Program，ERTS），自 1972 年 7 月 23 日以来，已发射 8 颗卫星，其中第 6 颗由于故障发射失败。目前，Landsat 1 至 5 陆地卫星已相继退役，依然在轨的陆地卫星为 Landsat 7 和 Landsat 8 系列卫星，相关参数如表 3-1-1 所示。

表 3-1-1　Landsat 系列卫星

卫星名称	传感器	空间分辨率	波段数	回归周期 /d
Landsat 1	MSS	80	4	18
Landsat 2	MSS	80	4	18
Landsat 3	MSS	80	5	18
Landsat 4	MSS，TM	30，120TIR	7	16
Landsat 5	MSS，TM	30，120TIR	7	16
Landsat 6	ETM+	发射失败	-	-
Landsat 7	ETM+	30，60TIR，15PB	8	16
Landsat 8	OLS，TIRS	30，15PB，100TIR	16	16

2013 年 2 月 11 日，美国航空航天局（NASA）成功发射 Landsat 8 卫星。Landsat 8 卫星携带 OLI 陆地成像仪（Operational Land Imager）和 TIRS 热红外传感器（Thermal Infrared Sensor）。Landsat 8 陆地卫星影像更新周期为 16 天，传感器在运行期间对地表覆盖扫描的范围大约为 179km×183km，覆盖范围为北纬 83° 到南纬 83°。Landsat 8 在空间分辨率和光谱特性等方面与 Landsat 1—7 保持了

基本一致，卫星一共有 11 个波段，波段 1 至波段 7 和波段 9 至波段 11 的空间分辨率为 30m，波段 8 为全色波段，空间分辨率为 15m。本章采用 2020 年 11 月 27 日沈阳市地区、2020 年 12 月 19 日成都市地区和 2020 年 11 月 19 日西安市地区 Landsat 8 L1TP（Level 1 Precision Terrain）数据产品。通过二次分割获取分割对象，依据一定的规则将分割对象合并为图像对象用于城市内部空间形态结构研究。

（三）铁路客运数据

本章使用 2014 年的客运列车数据作为铁路轨道交通数据。从官方网站获取客运列车时刻表数据库，包括 Stations、Train Details 和 Trains 三个数据表。Stations 和 Trains 包含全部铁路站点和列车车次信息，Train Details 是列车运行详细信息表，包括列车编号、经停站序号、经停车站、起止时间、运行时间和运行里程。该数据总计 2636 个车站和 5036 班次列车，包括慢车、快车、直通车等车型。数据格式如表 3-1-2 所示。

表 3-1-2 Train Details 数据表的原始格式

字段名称	字段描述
Train Code	列车编号
Order ID	某车次经停站序号
Train Station	经停站名称
Start Time	起始时间
Arrive Time	到达时间
Take	运行时间
Distance	运行里程

三、数据预处理

（一）夜间灯光数据预处理

1.DMSP/OLS 夜间灯光数据

DMSP/OLS 数据受测量误差、探测能力衰减、大气条件以及传感器本身获取灯光亮度值溢出等因素的影响，需要对影像做连续性校正和过饱和校正。本章使用的数据为 2013 年 DMSP/OLS 夜间灯光影像，不涉及长时间序列各期影像间连续性校正。采用埃尔维奇等提出的相对辐射校正方法构建二元回归模型，通过将亮度从亮区域扩散到暗区域来平滑光强度，实现夜间灯光影像的过饱和校正[127]，并利用研究区域矢量边界数据裁剪夜间灯光影像，得到研究区域预处理后的 DMSP/OLS 夜间灯光数据。

2.VIIRS/NPP 夜间灯光数据

科罗拉多矿业学院地球观测小组（Earth Observation Group，Colorado School of Mines）收集的 2020 年的年度夜间灯光合成数据。该小组采用埃尔维奇等提出的基于直方图方法从 2013—2020 年的每月无云平均辐射网格中生成了一个新的年度全球 VIIRS 夜间灯光时间序列[128]。数据去除阳光、月光和云层覆盖的像素，从而产生包含光、火、极光和背景的粗略合成。由于该数据存在异常光源，本章用 Xu 等提出的基于像素方法逐像元去除 VIIRS/NPP 夜间灯光影像的背景噪声和异常值[129]，并利用城市行政边界矢量数据裁剪夜间灯光影像，得到研究区预处理后的 VIIRS/NPP 夜间灯光数据。

（二）Landsat 8 数据预处理

Landsat 8 数据预处理是遥感影像分析领域中的一个重要环节，其目的在于纠正数据中存在的噪声和获取更高质量的影像，提高数据的可用性。由于 Landsat 8 L1 数据产品已经过几何校正和地形校正，所以需要实施辐射定标和大气校正等操作。辐射定标的目的是将原始的辐射值转化为地表反射率或辐射温度。在辐射定标时，需要传感器非线性响应补偿和各源波段的校正，以确保得到的数据具有一致性和可比性。大气校正目的是消除大气杂波对图像中的信息的干扰。在大气校正时，需要做大气辐射传输模拟、大气分子和气溶胶反射等处理，以保证数据精度和可靠性。

本章选取的 Landsat 遥感数据为 2020 年 11 月 27 日沈阳市地区 Landsat 8 影像、2020 年 12 月 19 日成都市地区 Landsat 8 影像和 2020 年 11 月 19 日西安市地区 Landsat 8 影像。使用遥感图像处理平台（ENVI）做 Landsat 8 辐射定标和大气校正处理，利用城市行政边界矢量数据裁剪沈阳市地区、成都市地区和西安市地区 Landsat 8 影像，得到研究区 Landsat 8 影像的预处理结果。

（三）铁路客运数据预处理

本章使用了 2014 年铁路客运列车数据库中的列车运行详细信息表。根据铁路站点归属城市将铁路经停站点合并作为节点，依次选择表中列车编号，相邻节点之间距离根据某车次经停车站的顺序对运行里程相减得到。计算重复的相邻节点的数量作为频率，相邻节点间的运行里程取众数作为节点间距离，得到的铁路客运数据概略图。

四、参考数据

（一）城市群尺度参考数据

为了验证本章方法的有效性，且受地理条件影响，已有的国家级城市群伴随着时间的发展导致不同程度上的合并或分化，本章在"十四五"规划的城市群空间范围基础上，结合区域发展水平和已有的中国城市群研究成果，对已规划城市群重新组合，并划定了城市群的参考边界。

第一，东北和西南等内陆、经济发展相对缓慢的地区。根据《中共中央、国务院关于全面振兴东北地区等老工业基地的若干意见》《关于依托黄金水道推动长江经济带发展指导意见》，得到辽吉黑城市群和云贵城市群。

第二，长江中游和长江三角洲地区等水利交通便利、经济发展迅速的地区。"十四五"规划中长江中游城市群和长江三角洲城市群规划图，长江中游城市群和长江三角洲城市群沿着两条轴线发展，围绕着两条轴线逐渐分化成多个单核心或者多核心小型城市群，如长南城市群、武汉都市圈、沪苏皖城市群和杭宁城市群等。

第三，城市高度发展的地区，高度发展的城市群兼并周边小型城市群。依据《山西中部城市群太忻一体化经济区空间发展战略规划》以京津冀协同发展为牵引，建设形成京津冀晋城市群。

第四，经济发展较为稳定的地区划分城市群为成渝城市群、关中平原城市群、山东半岛城市群、中原城市群、海峡西岸城市群、北部湾城市群和粤港澳大湾区。

根据参考城市群空间范围和城市群规模等级，结合城市群发展规划和区域发展水平定义了城市群的参考核心城市，获得参考核心城市的数量为33个，参考城市群与核心城市之间的关系如表3-1-3所示。

表 3-1-3　参考城市群核心城市

参考城市群	核心城市
沪苏皖	上海、南京、合肥、苏州
杭宁	杭州、宁波
粤港澳大湾区	广州、深圳、香港
京津冀晋	北京、天津、石家庄、太原
中原	郑州、洛阳
成渝	成都、重庆
关中平原	西安
海峡西岸	福州、厦门
山东半岛	济南、青岛
武汉都市圈	武汉
长南	长沙、株洲、南昌
辽吉黑	沈阳、大连、哈尔滨、长春
云贵	昆明、贵阳
北部湾	南宁

（二）城市尺度参考数据

本章基于城市辖区的空间范围和城市发展规划，结合城市道路环线确定了沈阳市、成都市和西安市的多中心城市区域参考边界，具体包括以下内容：

第一，沈阳市、成都市和西安市沿绕城高速分成主城区和副中心城区两部分，其中沈阳市皇姑区、大东区、铁西区、和平区和沈河区沿行政管辖边界合并为主城区，浑南区、于洪区、沈北新区、苏家屯区保留原有行政管辖边界。

第二，成都市主城区内武侯区、锦江区、成华区、金牛区和青羊区沿行政管辖边界合并，双流区、龙泉驿区、青白江区、温江区、郫都区和新都区保留原有行政管辖边界。

第三，西安市新城区、莲湖区、碑林区、雁塔区沿行政管辖边界合并为主城区，未央区被绕城高速所截断，保留原有行政管辖边界，长安区、鄠邑区、临潼区、阎良区、高陵区和灞桥区保留原有行政管辖边界。

依据多中心城市区域参考边界的空间范围，结合地区发展水平，确定了城市中心的参考地理位置，参考城市中心应是城市的政治中心、经济中心、文化中心、交通枢纽四个类别。其中，政治中心多为政府或重要机关所在地，经济中心多为大型商场、医院、学校周边地区，文化中心包括当地地标性建筑、公园、古建筑和博物馆等地，交通枢纽为机场、火车站、地铁站等。沈阳市参考城市中心数量为 5 个，成都市参考城市中心数量为 7 个，西安市参考城市中心数量为 8 个。参考城市如表 3-1-4 所示。

表 3-1-4　多中心城市区域参考城市中心

城市	多中心城市区域	城市中心	城市中心所属类别
沈阳市	主城区	工业展览馆	经济中心、交通枢纽
	于洪区	于洪区人民法院	政治中心
	浑南区	辽宁省奥林匹克体育中心	文化中心、交通枢纽
	沈北新区	沈北大学城	经济中心
	苏家屯区	沈阳市国际会展中心	经济中心

城市	多中心城市区域	城市中心	城市中心所属类别
成都市	主城区	天府广场	政治中心、文化中心、交通枢纽
	郫都区	电子科技大学清水河校区	经济中心
	新都区	凤凰山公园	文化中心
	青白江区	华夏产业园	经济中心
	龙泉驿区	成都航空职业技术学院	经济中心
	温江区	成都市第五人民医院	经济中心
	双流区	天府公园	文化中心、交通枢纽
西安市	主城区	西安工业大学	经济中心、交通枢纽
	灞桥区	西安奥体中心	文化中心
	临潼区	临潼区人民医院	经济中心
	阎良区	阎良区政府	政治中心、经济中心
	高陵区	泾渭体育中心	文化中心
	鄠邑区	西安石油大学鄠邑校区	经济中心
	长安区	陕西师范大学长安校区	经济中心
	未央区	汉长安城未央宫国家考古遗址公园	文化中心

第二节　城市群空间结构分析

城市群的空间结构具有以下两种表现形式：一是城市群的空间分布、组织效能和演化规律，统筹城市群在城市群发展战略的发展规划布局；二是城市群中城市的等级结构、职能结构和联系形态，反映城市群在一定时间范围内的扩张模式与发展特征。复杂网络方法不仅反映城市群网络中城市群之间相互依存、相互作用的关系，还揭示核心城市与周围地区存在密切的垂直和横向联系。采用复杂网络方法分析城市群空间结构特征能够评估当前城市群发展状况，为今后的规划提供可靠的反馈信息。因此，提出一种基于异源数据和复杂网络的城市群空间结构识别方法，从城市群网络中识别出城市群和核心城市，对中国城市化进程具有重要的现实意义。

一、城市群空间结构识别方法

（一）夜光、铁路和复合城市群网络构建

1. 夜光城市群网络构建

采用阈值法提取 DMSP/OLS 数据的建成区，DN=12 或者更大的区域视为城市建成区[130]。通过形态学膨胀和腐蚀算法优化建成区的空隙和边缘。采用市级行政区划边界分割城市建成区。对于分割边缘的建成区，定义分割边缘建成区与所属行政区划内建成区面积之比为 S_x。若 S_x 大于 50%，执行分割，将分割开来的建成区与相应行政区划的建成区合并。否则，依据分割边缘建成区占所属行政区划面积比例将该边缘建成区合并，形成空间均质性约束下的夜光城市群网络节点集。

图（Graph）是由节点及连接节点的边所构成的图形，常用来描述某些事物之间的某种特定关系。定义夜光城市群网络为 $G^D = (V, E^D, W^D)$。$V = \{v_0, v_1, ..., v_N\}$ 表示城市节点的集合，N 是城市的总数，E^D 是边的集合，W^D 是夜光城市群网络的邻接矩阵。边是城市建成区多边形轮廓之间的最短路径。根据地理学第一定律，距离越近的物体联系越紧密，空间相关性与距离呈现负相关，距离越近，空间相关性越大。高斯（Gauss）函数是重力模型中常用的衰减函数，能够计算边权重 W_{ij}^D，其计算公式如下：

$$W_{ij}^D = a_1 \cdot e^{-\frac{d(i,j)^2}{2c_1^2}}$$

其中，W_{ij}^D 为节点 v_i 和 v_j 之间连接边的权重，$d(i,j)$ 为节点 v_i 和 v_j 的欧式距离，a_1 为常数，c_1 为尺度参数。

2. 铁路城市群网络构建

定义铁路城市群网络为 $G^R = (V, E^R, W^R)$。E^R 是边的集合，W^R 是铁路城市群网络的邻接矩阵，节点集 V 与夜光城市群网络的节点集一致。由于铁路网络的车次频率对列车站点城市的关联程度具有重要影响，因此本节结合 Gauss 衰减函数，设计了顾及列车频次的边权重 W_{ij}^R 计算方法，计算如式：

$$W_{ij}^R = a_2 \cdot e^{-\frac{d_{ij}^2}{2c_2^2}} \cdot f$$

其中，W_{ij}^R 为节点 v_i 和 v_j 之间连接边的权重，d_{ij} 为节点 v_i 和 v_j 之间的运行里程，f 为节点 v_i 和 v_j 之间的车次频率，a_2 为常数，c_2 为尺度参数。

尺度参数 c_1 和 c_2 控制着距离衰减幅度，为了保证网络模型的一致性，由正态分布的密度函数可知，99.73% 的面积在平均值附近三个标准差的范围内。《"十三五"现代综合交通运输体系发展规划》指出，城市群核心城市间、核心城市与周边节点城市间实现两小时通达，称为"两小时通达圈"。基于"两小时通达圈"，可以计算出尺度参数 c_1 和 c_2 的取值。

$$e^{-\frac{d^2}{2c^2}} = e^{-\frac{x^2}{2}}, (x=3)$$

其中，d 为"两小时通达圈"的最大通行距离，x 为常数。

3. 复合城市群网络构建

复合城市群网络构建的关键在于组建复合空间邻接矩阵，复合城市群网络模型构建示意图如图 3-2-1 所示。由图 3-2-1 可知，复合网络构建过程中包括两种情况：节点之间仅有夜光网络或者铁路网络，节点之间有夜光网络和铁路网络。对于第一种情况，保留原来的节点连接关系。对于第二种情况，本节复合城市群网络综合自然和行政因素重构节点连接关系，组建复合邻接矩阵，如式：

$$W^C = a_3 \cdot (m_1 W^D + (1-m_1)W^R)$$

其中，W^C 为复合邻接矩阵，W^D 和 W^R 分别代表夜光邻接矩阵和铁路邻接矩阵，a_3 为常数，m_1 为单层网络贡献度。计算不同 m_1 时复合城市群网络的模块度 Q，分析模块度 Q 随 m_1 变化的统计规律，依据统计规律确定 m_1，实现单层网络贡献度计算。

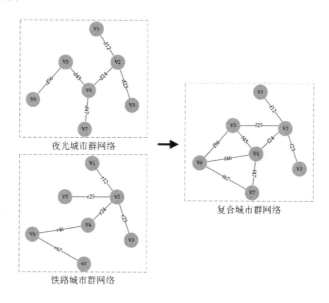

图 3-2-1　复合城市群网络模型构建示意图

采用二分估值法计算 a_1、a_2 和 a_3。以 a_1 为例，将 a_1 的初始范围设置为 [0，100]，首次二分将 a_1 设置为 50，若社区数量大于规定社区数量，将 a_1 设为 25，反之将 a_1 设为 75，直至社区数量达到规定社区数量为止。

（二）城市群网络社区结构划分

复杂网络是近些年来随着计算机硬件发展而发展起来的研究复杂系统的拓扑基础，是一种可视化的复杂系统科学的重要分支。复杂网络的结构能够在一定范围内映射出城市群空间结构。社团结构是对城市群网络顶点集合的一个划分。Louvain 算法是基于模块度的社区发现算法，能够发现层次性的社区结构，其优化目标是最大化整个复杂网络的模块度，其中关于模块度 Q 的详细内容见本书第二章第二节第三点。

Louvain 算法是将一个图的所有顶点放在不同的社区中，每个顶点一个，依次遍历内部循环中的所有顶点。对于每个顶点 d，算法进行两次计算：第一步将顶点 i 放在任意相邻节点 j 的社区中，计算模块化增益 ΔQ；第二步选择在 ΔQ 中产生最大增益的邻居 j，加入相应的社区。这个循环一直持续到没有任何动作产生增益为止。在这一阶段结束时，Louvain 算法获得第一级分区。在第二步中，这些分区变成了顶点，算法通过计算所有顶点之间的边的权重来重建图。如果对应分区的顶点之间至少有一条边，则两个超顶点是连通的，这种情况下，两个超顶点之间的边的权重是其下一层对应分区之间所有边的权重之和。然后重复算法的这两个步骤，产生新的层次和超图。当社区变得稳定时，算法停止。Louvain 算法通常收效非常快，而且只需几次迭代就能识别社区[132]。

该算法把节点 i 分配到邻居节点 j 所在的社区 c 时模块度变化为：

$$\Delta Q = \left[\frac{\sum in + k_{i,in}}{2m} - \left(\frac{\sum tot + k_i}{2m} \right)^2 \right] - \left[\frac{\sum in}{2m} - \left(\frac{\sum tot}{2m} \right)^2 - \left(\frac{k_i}{2m} \right)^2 \right]$$

$$= \left[\frac{k_{i,in}}{2m} - \frac{\sum tot k_i}{2m^2} \right]$$

其中，$k_{i,in}$ 是节点 i 入射社区 c 内节点的权重之和，$\sum tot$ 是入射社区 c 的总权重，k_i 是入射节点的总权重。

Louvain 算法尝试识别具有最大模块化 Q 的社区，对于每个顶点，该算法考虑顶点的每个邻居并评估通过将顶点从其社区中移除而可能发生的模块化增益，并将其放置在相邻的社区中，处理所有顶点，直到无法进一步改善为止，获得社区信息和模块度。该算法的第二阶段将构建一个新图，其顶点是在先前迭代中找到的社区，新的顶点集由最新的社区组成，并且新顶点之间的边缘权重由相应的两个社区中顶点之间的边缘权重之和得出。在新图中，同一社区的顶点之间的边会导致该社区的自环，该算法将在下一个阶段重复这两个阶段，直到社区变得稳定为止。

（三）基于中心节点结构的核心城市识别

中心节点结构是复杂网络的主要特征，是从网络的拓扑结构出发，利用网络的结构信息衡量网络中节点的重要性。城市群中的核心城市是国家或大区域的政治中心、金融中心、文化中心和交通通信枢纽，在空间结构上是城市群网络重要的"节点"。度中心性（Degree Centrality，DC）是网络分析中刻画节点中心性的最直接度量指标，节点的度中心性越大就意味着该节点在网络中越重要，其详细内容见本书第二章第二节第四点。

本节基于城市群网络拓扑结构，从网络中节点本身和节点之间的相互关系出发，结合节点自身自然属性和行政性质构建城市综合实力指数（Urban Comprehensive Strength Index，UCSI）。UCSI 为中心节点结构识别提供了基础，节点的 UCSI 值越大就意味着该节点在城市群网络中越重要，分别计算每个社区结构中节点的 UCSI，选择 UCSI 最大的节点作为该社区的核心城市。计算公式如式：

$$WDC_i = \frac{w_{k_i}}{\sum w_{ij}}$$

$$USCI_i = \frac{1}{3}\left(WDC_i + S_i + Z_i\right)$$

其中，WDC_i 表示节点 i 的加权度中心性，w_{k_i} 表示与节点 i 相连的边的权重之和，w_{ij} 表示网络中所有连接边的权重之和，$UCSI_i$ 表示节点 i 的综合实力指数，S_i 表示节点 i 的夜光城市建成区面积，Z_i 表示节点 i 的城市车站数量，S_i、Z_i 均做归一化处理。

二、实验与分析

（一）复合城市群网络构建

复合城市群网络建模需要将 DMSP/OLS 遥感影像和铁路客运数据演化成城市群网络。通过阈值分割获得的 DMSP/OLS 遥感图像建成区面积为

$388\,514.75km^2$。采用行政区划边界将建成区划分为 270 个城市对象。城市建成区提取结果涵盖了研究区域内的主要城市。

自然状态下，"两小时通达圈"限制了与自然环境有适应关系的城市对象之间的连接距离。公路建设和自然环境的影响是相互作用的[131]，城市对象之间的边可以近似为现代公路。根据《公路线形设计规范》，现代公路运行速度通常为 110km/h[132]，距离超过 220km 的城市对象被视为无法通达。结合公式计算夜光城市群网络的尺度参数 c_1 的取值为 73.33，得到的夜光城市群网络包括 270 个节点和 2520 条边。

铁路客运数据包含一系列位于城市内部的离散铁路站点，与夜光城市群网络通达范围不相同。行政影响下"两小时通达圈"指的是铁路客运站点之间的运行里程，根据《高速铁路设计规范》，高速铁路定义为设计时速 250～350km/h 的运行动车组列车的标准轨距的客运专线铁路。选用高速铁路运行平均时速约 300km/h，铁路站点距离超过 600km 的城市视为不通达，结合公式计算铁路城市群网络的尺度参数 c_2 的取值为 200，得到的铁路城市群网络包括 270 个节点和 628 条边。

利用公式构建复合空间邻近矩阵，将 m_1 以 0.1 为步长将其等分，分别计算不同 m_1 时的模块度 Q，模块度 Q 和单层网络贡献 m_1 之间的对应关系。当 $m_1 = 0.4$ 时，复合城市群网络模块度最大，社区检测结果最好。复合城市群网络边的数量为 2550，相较于夜光网络，网络的边数增加了 30。

（二）小世界特性验证

在社交网络中，大多数任意节点，都可以用较少的步或跳跃访问到其他节点，这种现象就是小世界效应。城市群网络属于复杂网络的一种，也应具备小世界特性，其平均路径长度和平均聚类系数介于规则网络和随机网络之间。WS（Watts-Strogatz）模型是用来解释小世界网络的一个模型。本节使用 Networks 生成了 WS 随机网络模型，重连概率 p 设为 1（随机网络），平均邻居设为该城市群网络中的边与节点之比（向上取整），计算随机网络的平均路径长度和平均聚类系数。最终得到的夜光、铁路和复合城市群网络与 WS 随机网络模型的关系如表 3-2-1 所示。

表 3-2-1　城市群网络小世界特性验证

	网络模型	平均路径长度（L）	平均聚类系数（C）
1	铁路城市群网络	1.865	0.197
	WS 随机网络（平均邻居为 3）	12.058	0.014
2	夜光城市群网络	2.971	0.320
	复合城市群网络	5.404	0.320
	WS 随机网络（平均邻居为 10）	2.652	0.030

可以看到复合城市群网络和夜光城市群网络的平均路径长度 L 均大于 WS 随机网络指标，平均聚类系数 C 远大于 WS 随机网络指标，符合前面提到的小世界网络特征，具有明显的网络拓扑结构特征。但铁路城市群网络的平均路径长度 L 小于 WS 随机网络指标，原因是铁路城市群网络的边数量较低，导致其抗变化能力较弱。

（三）城市群识别

复合城市群网络、夜光城市群网络和铁路城市群网络均为无向加权网络，它们的权重尺度不一致。首先，对三个城市群网络的权重归一化；其次，使用二分估值方法获得 a_1、a_2 和 a_3，当社区数量不少于 14 个且不超过 15 个时，a_1、a_2 和 a_3 是最佳值，其取值如表 3-2-2 所示；最后，使用 Louvain 算法检测社区结构并将其映射到城市群。从城市群识别结果可以看出夜光城市群网络中的城市群与复合城市群网络非常相似，且三个城市群网络都有皖中城市群和 14 个城市群。其中，皖中城市群是安徽省处于规划发展阶段的城市群，规模较小，不属于参考城市群。

表 3-2-2　常数 a 取值

网络模型	夜光城市群网络	铁路城市群网络	复合城市群网络
常数	7	25	17

铁路城市网络的城市受行政规划的限制更明显，主要表现为铁路线路密集的

地区城市群划分更细碎。复合城市网络改善了铁路城市网络的劣势，城市群划分取得了较好的效果。社区与城市群之间的关系如表 3-2-3 所示。表中重复的社区表明该社区包含多个参考城市群。不同城市群之间发展状况也不相同，复合城市群网络的城市更明显地受到区域规划的制约。例如，经济活力较平缓的地区如东北地区和云贵地区，由于交通和地域的限制，其区域内城市与外部地区的城市的联系与交流缓慢，致使其区域聚集性较高。在江浙沪和中原地区，区域内城市活力较高，铁路交通的便捷性在一定程度上促进了城市群发展，导致铁路城市群网络城市群识别破碎化。珠三角地区自然状态下和北部湾区域紧密联系，结合铁路行政因素之后的复合城市群网络一定程度上缓解了仅依靠自然地域划分城市群的局限，将中国南部区域的粤港澳大湾区和北部湾城市群划分开来。总的来说，使用复合城市群网络识别城市群更有优势。

表 3-2-3　社区与城市群之间的关系

参考城市群	夜光城市群网络	路网城市群网络	复合城市群网络
杭宁	社区 10	社区 6	社区 1
京津冀晋	社区 7, 9	社区 5	社区 2
长南	社区 4	社区 3, 9	社区 3
山东半岛	社区 1	社区 4	社区 4
皖中	社区 12	社区 4	社区 5
海峡西岸	社区 8	社区 14	社区 6
中原	社区 14	社区 8	社区 7, 11
成渝	社区 15	社区 13	社区 8
关中平原	社区 2	社区 8	社区 8
粤港澳大湾区	社区 5	社区 2	社区 9
北部湾	社区 5	社区 11	社区 10
武汉	社区 3	社区 7	社区 12

参考城市群	夜光城市群网络	路网城市群网络	复合城市群网络
云贵	社区 6	社区 13	社区 13
沪苏皖	社区 11	社区 1，10，15	社区 14
辽吉黑	社区 13	社区 12	社区 15

通过一些实验细节来显示三种城市群网络的城市群识别结果的差异。铁路城市群网络的城市群识别结果更加细碎，但其优势在于边界与参考数据的边界基本相同。夜光城市群网络识别城市群的数量与参考数据的数量基本一致，但其识别城市群边界的效果较差。复合城市群网络取得了较好的城市群识别结果，城市群边界结合了上述单源网络的优势，在城市群数量和边界上和参考数据高度趋同。

珠江三角洲地区的自然和经济条件与南部北部湾地区非常接近。夜光城市群网络无法将北部湾城市群和粤港澳大湾区分开。复合城市群网络解决了夜光城市群网络的局限性，使其能够有效划分粤港澳大湾区和北部湾城市群。

由于西南地区铁路线路的强烈集聚，因此这里的铁路城市群网络被整合为一个统一的城市群，这一结果显然与实际情况不符。复合城市群网络削弱了这种效应，能够区分出云贵和成渝城市群。

总体而言，复合城市群网络在单源城市群网络的基础上进行改进，识别城市群边界达到了良好的效果。异源数据被整合进复合城市群网络中，从而使其具备更加广泛的适用性和可扩展性，用于城市群空间结构识别中表现出了较强的性能。

（四）城市群精度验证

基于城市群参考数据，本节分析了复合城市群网络、夜光城市群网络和铁路城市群网络的城市群识别结果。属于参考城市群范围内的城市被正确分类。由于城市群内各个城市的发展水平不同，因此，夜光数据提取建成区面积的大小可以作为衡量城市规模的一个因素。将正确分类的城市群的建成区面积与参考城市群建成区面积之比作为衡量城市群识别精度的依据。城市群识别精度如表 3-2-4 所示。复合城市群网络分别比夜光城市群网络和铁路城市群网络准确度提高了

5.72% 和 15.94%。结果表明，复合城市群网络比单源网络更准确。当识别结果与参考结果重叠时，这表示该区域的正确结果。参考结果内不包含正确结果的区域表示为错误结果。实验数据包括中国的大多数城市，其中一些城市不在参考城市群中，这些城市区域属于其他识别结果。

表 3-2-4　城市群识别精度表

参考城市群	夜光城市群网络	路网城市群网络	复合城市群网络
杭宁	24 369.24	20 226.29	21 447.46
京津冀晋	44 170.37	38 797.20	60 470.81
长南	8 132.13	7 797.43	15 377.77
山东半岛	29 670.04	29 670.43	29 670.04
海峡西岸	40 561.12	40 561.04	40 561.12
中原	22 433.45	20 271.52	22 433.45
成渝	25 110.99	29 697.18	26 974.41
关中平原	11 252.91	0	11 252.91
粤港澳大湾区	22 153.03	22 153.03	22 153.03
北部湾	0	9 344.255	8 258.77
武汉	10 872.99	12 157.48	12 157.48
云贵	19 719.72	19 719.72	19 719.72
沪苏皖	9 823.28	0	0
辽吉黑	5 2347.72	30 502.25	52 347.73
合计：(km^2)	32 0617.00	280 897.52	342 824.70
精度	82.52%	72.30%	88.24%

（五）核心城市识别

以识别城市群核心城市为目标，计算了复合城市群网络、夜光城市群网络和铁路城市群网络中节点的 DC、WDC 和 UCSI。使用参考数据来确定核心城市的数量。如果一个城市群对应于多个参考城市群，则参考数据中的核心城市之和被视为该城市群的核心城市数量。核心城市识别结果如表 3-2-5 至表 3-2-7 所示。

表 3-2-5　夜光城市群网络核心城市

城市群	DC 核心城市	WDC 核心城市	UCSI 核心城市
沪苏皖	南京、滁州、芜湖、宣城	南京、滁州、芜湖、常州	南京、苏州、泰州、南通
杭宁	杭州、湖州	杭州、湖州	宁波、上海
粤港澳大湾区、北部湾	广州、惠州、肇庆、清远	广州、佛山、江门、肇庆	广州、惠州、佛山、东莞
京津冀晋	廊坊、保定、沧州、安阳	天津、保定、沧州、安阳	北京、天津、石家庄、保定
中原	南阳、信阳	郑州、新乡	郑州、洛阳
成渝	重庆、自贡	重庆、资阳	成都、重庆
关中平原	运城	运城	西安
海峡西岸	漳州、河源	漳州、河源	福州、泉州
山东半岛	济南、连云港	济南、临沂	潍坊、临沂
长南	长沙、宜春、吉安	长沙、株洲、宜春	长沙、宜春、韶关
武汉	黄冈	九江	武汉
辽吉黑	沈阳、铁岭、抚顺、通辽	沈阳、哈尔滨、辽阳、鞍山	沈阳、哈尔滨、长春、赤峰
云贵	毕节、凉山	曲靖、毕节	昆明、凉山

表 3-2-6　铁路城市群网络核心城市

城市群	DC 核心城市	WDC 核心城市	UCSI 核心城市
沪苏皖	南京、合肥、上海、滁州	南京、苏州、无锡、常州	南京、苏州、上海、南通

城市群	DC 核心城市	WDC 核心城市	UCSI 核心城市
杭宁	杭州、金华	杭州、绍兴	杭州、宁波
粤港澳大湾区	广州、惠州、肇庆	广州、深圳、东莞	广州、惠州、东莞
京津冀晋	北京、天津、石家庄	北京、天津、石家庄、沧州	北京、天津、保定、唐山
中原、关中平原	郑州、商丘、西安	郑州、洛阳、西安	郑州、南阳、西安
成渝	成都、重庆	成都、重庆	成都、重庆
北部湾	南宁	柳州	湛江
海峡西岸	南平、三明	泉州、莆田	福州、泉州
山东半岛	济南、徐州	济南、徐州	潍坊、临沂
长南	长沙、南昌、鹰潭	长沙、株洲、衡阳	长沙、南昌、赣州
武汉	武汉	武汉	武汉
辽吉黑	沈阳、哈尔滨、鞍山、通辽	沈阳、长春、辽阳、四平	沈阳、哈尔滨、长春、大连
云贵	怀化、达州	怀化、达州	昆明、曲靖

表 3-2-7　复合城市群网络核心城市

城市群	DC 核心城市	WDC 核心城市	UCSI 核心城市
沪苏皖	合肥、六安、芜湖、滁州	南京、苏州、无锡、常州	南京、苏州、上海、南通
杭宁	杭州、金华	杭州、金华	杭州、宁波
粤港澳大湾区	广州、清远、肇庆	广州、佛山、东莞	广州、惠州、东莞
京津冀晋	石家庄、沧州、保定、阳泉	天津、石家庄、沧州、保定	北京、天津、保定、唐山
中原	郑州、新乡	郑州、新乡	郑州、邯郸

城市群	DC 核心城市	WDC 核心城市	UCSI 核心城市
成渝、关中平原	成都、重庆、渭南	成都、重庆、渭南	成都、重庆、西安
北部湾	梧州	南宁	南宁
海峡西岸	赣州、河源	赣州、河源	福州、泉州
山东半岛	济南、连云港	济南、临沂	潍坊、临沂
长南	岳阳、九江、上饶	长沙、岳阳、九江	长沙、南昌、九江
武汉	黄冈	武汉	武汉
辽吉黑	沈阳、通辽、鞍山、铁岭	沈阳、鞍山、辽阳、锦州	沈阳、哈尔滨、长春、大连
云贵	怀化、凉山	曲靖、毕节	昆明、曲靖

如表 3-2-5 至表 3-2-7 所示，依据 UCSI 识别正确的城市群核心城市数量较 DC 和 WDC 有明显提升，主要提升的城市有两个方面的特征：一是位于沿海地带的城市，如上海、福州、宁波等城市，这类地区由于地域条件的限制，连接的周边城市较内陆中心城市更少。二是城市建成区面积较大的一线城市，如北京、西安、哈尔滨、长春和武汉等城市，这类城市自身发展水平较高，其城市建成区为联系紧密的整体，该建成区即可近似为城市的核心区域，采用其轮廓边界识别城市群空间结构更准确。然而辽阳、鞍山、运城和河源等二线城市，处于城市化发展的初级阶段，城市内部建成区多为星形分布，一定程度上会模糊城市核心区域的分布。需要注意的是，在 UCSI 的计算时，城市建成区面积较小的中心城市如济南市，会降低该类型城市的综合实力指数。

（六）核心城市精度验证

本节依据城市群结果，利用 DC、WDC 和 UCSI 分别确定了夜光城市群网络、铁路城市群网络和复合城市群网络的核心城市。若识别出的中心城市与参考中心城市相同，则判断识别为正确，否则判断为错误。城市中心识别精度分析如表 3-2-8 所示。

表 3-2-8　核心城市精度

网络模型	DC	精度	WDC	精度	UCSI	精度
夜光城市群网络	7	21.21%	11	33.33%	19	57.58%
铁路城市群网络	19	57.58%	19	57.58%	21	63.63%
复合城市群网络	9	27.27%	14	42.42%	22	66.67%

如表 3-2-8 所示，三种网络模型采用 UCSI 识别中心城市的精度均优于 DC 和 WDC。采用 DC 评价城市群中心城市时，铁路城市群网络的中心城市识别精度优于夜光和复合城市群网络，分别提高了 36.37% 和 30.31%；采用 WDC 评价城市群中心城市时，铁路城市群网络的中心城市识别精度优于夜光和复合城市群网络，分别提高了 24.25% 和 15.16%；采用 UCSI 评价城市群中心城市时，复合城市群网络较夜光和铁路城市群网络的中心城市识别精度分别提高了 9.09% 和 3.04%。可以看出，铁路城市群网络在规划时，更多地考虑了网络的拓扑结构，用较少的节点联系整个网络中的其他节点，依靠交通的便利性，铁路交通枢纽城市较其他城市的发展更为迅速，发展水平也更高，在网络中的重要程度也越高。夜光城市群网络仅描述城市对象之间的地域邻近性，因此，中心城市识别的精度不高。复合城市群网络综合了自然和行政因素的影响，采用 UCSI 识别中心城市达到了最高的精度。

第三节　城市内部空间结构分析

城市空间结构是指在一定历史时期内，城市各个要素（如人、物、信息等）通过其内在的相互作用机制形成的空间形态，表现为城市中不同功能区的分布和组合，与城市发展息息相关。城市空间结构的空间布局一定程度上反映了城市总体规划的执行情况，分析城市空间结构的演化规律，能够把握城市发展政策的合理性。对于城市管理规划者来说，了解和分析城市空间结构的变化是非常重要的。通过空间数据的分析，找出城市交通瓶颈、未来的城市增长区域、公共设施的满足需求程度等信息，从而提出有效的城市规划方案。因此，提出一种基于复杂网络理论采用夜间灯光数据和 Landsat 数据的城市内部空间结构识别方法，能够有效解决传统城市内部空间结构识别方法在处理城市尺度效应时遇到的问题，在城市规划、交通管理、公共安全等领域具有广泛的应用前景。

一、城市内部空间结构识别方法

（一）夜光、Landsat 和复合城市群网络构建

1. 夜光城市群网络构建

夜间灯光数据概念化为一个连续的表面模型，其峰值是一定范围内的极值灰度值，可以理解为经济或人口中心。尺度不变特征变换算法（SIFT）是一种从图像中提取不变特征的方法，用作侦测与描述图像中的局部性特征。首先，该算法搜索所有尺度上的图像位置，通过高斯差分函数（Difference of Gaussians）识别潜在的对于尺度和旋转不变的极值点；其次，在每个极值点位置上，通过一个拟合精细的函数模型剔除具有低对比度的不稳定极值；再次，基于图像局部的梯度方向，分配给每个极值点位置一个或多个方向；最后，在每个极值点周围的邻域内，在选定的尺度上计算每个极值点的 128 维特征向量。该算法在尺度空间中寻找极值点，对光照、噪声、仿射变换具有一定鲁棒性。

定义夜光城市群网络为 $G^V = (U, E^V, W^V)$。$U = \{u_1, u_2, ..., u_M\}$ 表示城市内部节点的集合，其中，E^V 是边的集合，W^V 是夜光城市群网络的邻接矩阵。采用 SIFT 算法从 VIIRS/NPP 图像中提取灰度极值点，记作节点。边为连接区域极值点的最佳路径。本节计算夜光城市群网络边权重 W_{ij}^V 的公式如下所示：

$$W_{ij}^V = a_4 \cdot e^{-\frac{d(i,j)^2}{2c_3^2}}$$

其中，W_{ij}^V 为节点 u_i 和 u_j 之间的边权重，$d(i,j)$ 为节点 u_i 和 u_j 的欧式距离，a_4 为常数，c_3 为尺度参数。

2.Landsat 城市网络构建

基于分形网络演化算法的多尺度分割算法 [133] 是遥感影像分割中常用的算法，

也是面向对象影像分类技术的基础及核心内容。多尺度分割算法利用区域合并算法分割遥感影像，分割对象的大小由分割尺度决定。为了保证光学遥感影像的节点集与夜间灯光数据的节点集一致，本节设计了递进式节点集成方法。不同地物种类的分割尺度也不相同，导致同一分割对象可包含一个或者多个夜光城市群网络节点。为了保证夜间灯光数据的每个节点对应一个独立的图像分割对象，将包含多个节点的分割对象作为边界对其二次分割，直到分割对象唯一对应节点为止。

由于分割对象与节点数量不匹配，因此应将与节点唯一对应的分割对象视为初始节点，余下的分割对象视为活动节点。采用两种方式将活动节点与初始节点合并。第一种情况，与初始节点不相邻的活动节点，选择最短轮廓距离的活动节点与初始节点合并。第二种情况，与初始节点相邻的活动节点，选择最大邻接长度的活动节点与初始节点合并。合并完成后的初始节点视作 Landsat 光学城市网络的节点。

定义光学城市网络为 $G^L = (U, E^L, W^L)$，E^L 是边的集合，W^L 是光学城市群网络的邻接节点集，U 与夜光城市群网络的节点集一致。选取了 Landsat 分割对象的光谱、形状和纹理三类图像特征作为分割对象的特征。余弦相似度（Cosine Similarity）用来衡量两个分割对象之间相关性大小，其取值为 [-1, 1]，值越大表示越相似。考虑到光学图像自身性质导致某些空间不相关性的分割对象具有一些相似的图像特征。例如，耕地在 Landsat 图像上具有强烈相关的图像特征，在空间上分布却不连续，因此，空间距离是影响分割对象之间相关性的重要因素，采用分割对象之间的轮廓距离和余弦相似度计算边权重 W_{ij}^L，公式如下：

$$\mathrm{Cos}(A, B) = \frac{A \cdot B}{\|A\| \times \|B\|} = \frac{\sum_{i=1}^{n} (A_i \times B_i)}{\sqrt{\sum_{i=1}^{n} A_i^2} \times \sqrt{\sum_{i=1}^{n} B_i^2}}$$

$$W_{ij}^L = a_5 \cdot e^{-\frac{d(i,j)^2}{2c_3^2}} \cdot \mathrm{Cos}(i, j)$$

其中，W_{ij}^L 为节点 u_i 和 u_j 之间的边权重，$d(i, j)$ 为节点 u_i 和 u_j 的欧式距离，

$Cos(i, j)$ 为节点 u_i 和 u_j 之间的余弦相似度。a_4 和 a_5 由第三节提出的二分估值法确定，尺度参数 c_3 由"五公里商业圈"得到。

3. 复合城市网络构建

针对城市尺度下的复合城市群网络构建，通过组建复合城市群网络空间邻接矩阵的方法，实现夜光城市群网络和光学城市群网络的有机融合。在复合城市群网络中，公共节点集是研究的难点。夜光城市群网络的节点为灰度特征点，光学城市群网络的节点为具有某种相似特征的面状数据，二者在空间尺度上不一致。本节基于空间距离建立夜光城市群网络灰度特征点与光学城市群网络的分割对象节点集成机制，组建复合城市群网络公共节点集。构建复合邻接矩阵如下所示：

$$W^I = a_6 \cdot \left(m_2 W^V + \left(1 - m_2\right) W^L \right)$$

其中，W^I 为复合城市群网络空间邻接矩阵，W^V 和 W^L 分别代表夜光城市群网络邻接矩阵和光学城市群网络邻接矩阵，a_6 为常数，m_2 为单层网络贡献度。m_2 依据统计规律确定。

（二）城市网络社区结构划分

复杂网络可分成节点子群，同一节点子群内的节点联系更紧密，具有这种拓扑性质的节点子群称为社区结构。现实网络往往呈现社区结构，尤其是城市网络，通常将城市区域细分为功能区统一规划管理。城市网络社区结构层次分明，大社区内可包含多个中等社区，中等社区内可包含多个小社区。城市网络是复杂网络一种表现形式，其社区结构代表城市内的多中心区域。使用 Louvain 社区检测算法实现节点划分，可获得多中心城市区域的边界信息。

（三）城市网络中心节点结构识别

城市的多中心城市区域包括主城区和副中心区域，多中心城市区域中心往往是政治中心、经济中心、文化中心和交通枢纽的一种或多种。若将城市网络整体分析，中心节点会集中在经济活跃的主城区，导致副中心区域的中心无法有效识别。针对这一问题，本节将每个多中心城市区域的中心节点视为城市中心。结合节点灰度值和节点 NDBI 构建区域综合实力指数（Regional Comprehensive

Strength Index，RCSI），选取每个多中心城市区域中 RCSI 最大的节点作为该多中心区域的城市中心。指数的计算公式分别如下所示：

$$NDBI = \frac{SWIR - NIR}{SWIR + NIR}$$

$$RCSI_i = \frac{1}{3}\left(WDC_i + DN_i + NDBI_i\right)$$

其中，$NDBI_i$ 表示节点 i 的归一化建筑指数值，$SWIR$ 表示短波红外波段，NIR 表示近红外波段，$RCSI_i$ 表示节点 i 的综合实力指数，WDC_i 表示节点 i 的加权度中心性，DN_i 表示节点 i 的夜间灯光灰度值，DN_i 需做归一化处理。

二、实验与分析

（一）复合城市群网络构建

复合城市群网络建模需要将 VIIRS/NPP 遥感影像和 Landsat 8 遥感影像构建为城市网络。本节将沈阳市、成都市和西安市作为研究区域，采用 SIFT 算法，从 VIIRS/NPP 遥感图像中提取了灰度极值点作为节点。其中，沈阳市 201 个节点，成都市 248 个节点，西安市 220 个节点，沈阳市、成都市和西安市的城市网络节点分布均较为集中，主要分布在市区。

边为连接区域灰度极值点的最短路径，构建合理的边可以突出城市网络的拓扑特征。"五公里商业圈"是指商店以其所在地点为中心，沿着一定的方向和距离扩展，形成的具有较强空间联系的地理范围。结合公式计算尺度参数 c_3 的值为 1.67，采用公式计算边权重，超出"五公里商业中心"辐射范围视为不连通，去除该类边。

采用多尺度分割算法分割 Landsat 8 图像，分割尺度为 500 时，存在同一影像对象中包含多个节点的现象，城市区域内分割结果不够细致。分割尺度为 200 时，沈阳市、成都市和西安市分割对象的数量分别为 11046、13718 和 9022，仍少量存在分割对象对应多个节点的情况。当分割尺度为 20 时，这时分割对象的数量明显增大，对进一步合并造成不利影响。

由于沈阳市、成都市和西安市分割对象的数量远大于夜光城市群网络的节点数量，本节使用递进式节点集成方法，依据地理邻近性合并分割对象，相邻分割对象依据最大邻接长度合并，不相邻分割对象依据最小轮廓距离合并。

将图像对象视为节点，计算图像对象的光谱特征、形状特征和纹理特征三类特征。依据"五公里商业圈"和尺度参数 c_3，结合公式计算节点之间的边权重，考虑到余弦相似度和分割对象的轮廓距离之间的单位尺度不一致，二者皆做归一化处理，最终得到沈阳市、成都市和西安市光学城市。

利用公式构建复合城市群网络空间邻接矩阵，将 m_2 以 0.1 为步长将其等分，分别计算不同 m_2 时的模块度 Q，三种城市网络的模块度 Q 和单层网络贡献 m_2 之间的对应关系如图 3-3-1 所示。可以看出，沈阳市复合城市群网络在 $m_2 = 0.5$ 时，成都市复合城市群网络在 $m_2 = 0.1$ 时，西安市复合城市群网络在 $m_2 = 0.3$ 时，社区检测结果最好。

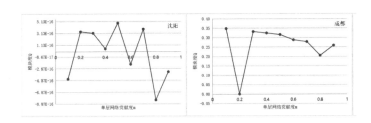

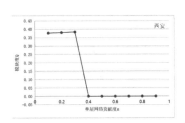

图 3-3-1　模块度和单层网络贡献的对应关系

（二）小世界特性验证

城市网络属于复杂网络的一种，应具备小世界特性，城市网络的平均路径长度和平均聚类系数大于随机网络的平均路径长度和平均聚类系数。本节使用

Networks 生成了 WS 随机网络模型，重连概率 p 设为 1（表示完全随机网络），平均邻居数对应设为该城市网络中的边与节点之比（向上取整），并计算了随机网络的平均路径长度和平均聚类系数。最终得到沈阳市、成都市和西安市的夜光、光学和复合城市群网络与 WS 随机网络模型的关系如表 3-3-1 所示。

表 3-3-1　城市网络小世界特性验证

城市	网络模型	平均路径长度（L）	平均聚类系数（C）
沈阳市	夜光城市群网络	4.972	0.289
	WS 随机网络（平均邻居为 6）	3.123	0.016
	光学城市群网络	2.496	0.321
	复合城市群网络	2.496	0.321
	WS 随机网络（平均邻居为 16）	2.159	0.044
成都市	夜光城市群网络	5.076	0.324
	WS 随机网络（平均邻居为 10）	2.621	0.036
	光学城市群网络	3.080	0.315
	WS 随机网络（平均邻居为 14）	2.359	0.051
	复合城市群网络	2.926	0.315
	WS 随机网络（平均邻居为 16）	2.257	0.060
西安市	夜光城市群网络	4.800	0.307
	WS 随机网络（平均邻居为 5）	3.949	0.019
	光学城市群网络	2.829	0.331
	复合城市群网络	2.829	0.331
	WS 随机网络（平均邻居为 13）	2.255	0.063

可以看出，沈阳市、成都市和西安市的夜光城市群网络、光学城市群网络和复合城市群网络的平均路径长度 L 均大于 WS 随机网络指标，平均聚类系数 C 远大于 WS 随机网络指标，三种城市网络模型均符合小世界网络特征。

（三）多中心城市区域识别

首先，夜光城市群网络、光学城市群网络和复合城市群网络均为无向加权网络，权重尺度不一致，对三种城市网络的权重进行归一化处理。其次，依据城市发展规划，研究区域内沈阳市管辖区的数量为 9 个，成都市管辖区的数量为 11 个，西安市管辖区的数量为 9 个，将管辖区的数量视为社区数量，使用二分估值方法确定 a_4、a_5 和 a_6 的最佳取值，其取值如表 3-3-2 所示。最后，使用 Louvain 算法检测社区结构，以得到社区识别结果。

表 3-3-2　常数 a 的取值

城市名称	常数 a_4	常数 a_5	常数 a_6
沈阳市	4	6	10
成都市	5	7	8
西安市	3	7	12

可以看出，研究城市的社区结构得到了有效的识别，但也存在差异。沈阳市、成都市为圆形放射状布局，西安市为分散式布局。根据沈阳市、成都市和西安市城市发展规划，将社区结构映射到城市内部区域中，沈阳市、成都市和西安市识别多中心城市区域的结果，具体分析如下：

参照沈阳市城市规划，以"金廊银带"为框架，构建"一主四副"的城市结构。"一个主要区域"是指主城区，包括大东区、皇姑、铁西区、和平区和沈河区。"四个副中心"包括于洪区、沈北新区、浑南区和苏家屯区。因此，社区 5 和社区 8 合并为主城区，社区 1 和社区 2 合并为沈北新区，社区 3 和社区 4 合并为于洪区，社区 5 和社区 7 合并为浑南区，社区 9 为苏家屯区。

参照成都市城市规划，其核心城区包括 1 个特大主中心区和 6 个副中心区。金牛区、青羊区、武侯区、成华区和锦江区规划为主城区，区域外部为青白江区、龙泉驿区、郫都区、温江区、新都区和双流区。以上述为参考，社区 4、社区 6 和社区 7 合并为主城区，社区 1 为青白江区，社区 5 和社区 9 合并为龙泉驿区，社区 8、社区 10 和社区 11 合并为双流区，社区 2 为新都区，社区 3 未能将郫都区和温江区划分开来。

参照西安市城市规划，将核心城区建设成"一城一轴一环多中心"的空间布局。莲湖区、新城区、碑林区和雁塔区规划为主城区，区域外部为高陵区、鄠邑区、长安区、灞桥区、阎良区和临潼区。综上，社区 3、社区 5 和社区 9 合并为主城区，社区 1 为高陵区，社区 2 和社区 8 合并为灞桥区，社区 4 和社区 6 合并为未央区，社区 10 为长安区，社区 11 为鄠邑区，社区 7 未能将阎良区和临潼区划分开来。

　　沈阳市、成都市和西安市复合城市群网络多中心城市区域结果。可以看出利用本节的方法，沈阳市多中心城市区域均被有效识别，成都市和西安市多中心城市区域基本被有效识别，仍存在一部分区域未能识别。成都市采用夜光城市群网络识别多中心城市区域的数量与参考城区一致，但其各多中心城市区域的边界与成都市一核心六副中心区不一致。采用光学城市群网络和复合城市群网络，成都市多中心城市区域的边界得到有效识别，但未能将郫都区和温江区划分开来。西安市采用夜光城市群网络识别多中心城市区域的数量与参考城区一致，但其各多中心城市区域的边界识别效果较差。采用光学城市群网络和复合城市群网络成都市多中心城市区域的边界得到有效识别，未能将阎良区和临潼区划分开来。

（四）多中心城市区域精度分析

　　城市规划中规定了管辖区的空间范围。本节在城市管辖区空间范围的基础上，结合地区的行政区划定了多中心城市区域的参考边界，这些参考边界描绘了每个多中心城市区域的空间限制。用夜光城市群网络的节点替代光学城市群网络和复合城市群网络的图像对象，每个多中心城市区域唯一对应一个参考区域，若该区域中节点位于参考区域边界范围内，则认为分类正确，否则分类错误。如表 3-3-3 所示。

表 3-3-3　多中心城市区域识别精度表

城市	网络	节点数	正确识别节点数	准确度
沈阳市	夜光城市群网络	201	133	66.17%
	光学城市群网络		135	67.16%
	复合城市群网络		137	68.16%
成都市	夜光城市群网络	248	171	68.95%
	光学城市群网络		184	74.19%
	复合城市群网络		186	75.00%

城市	网络	节点数	正确识别节点数	准确度
西安市	夜光城市群网络	196	130	66.33%
	光学城市群网络		136	69.39%
	复合城市群网络		139	70.92%

可以看出，沈阳市、成都市和西安市复合城市群网络的多中心城市区域识别的准确度均不低于夜光城市群网络和光学城市群网络。其中，沈阳市复合城市群网络和光学城市群网络的多中心城市区域识别准确度相差 1%，且高于夜光城市群网络 1.99%；成都市复合城市群网络多中心城市区域识别准确度分别比夜光城市群网络和光学城市群网络高出 6.05% 和 0.81%；西安市城市复合城市群网络多中心城市区域识别准确度分别比夜光城市群网络和光学城市群网络高出 4.6% 和 1.53%。复合城市群网络应用于城市多中心区域识别达到了最高的精度。

（五）城市中心识别

以城市中心识别为目标，在全局尺度上计算节点的 DC 和 WDC，选择 DC 和 WDC 最大的节点作为该多中心城市区域的城市中心。

在局部尺度多中心城市区域上利用公式计算沈阳市、成都市和西安市城市网络节点的中心综合实力指数 RCSI，选择 RCSI 值最大的节点作为该多中心城市区域的城市中心。城市中心结果如表 3-3-4 至表 3-3-6 所示。

表 3-3-4　沈阳市夜光城市群网络城市中心

多中心区域	DC 城市中心	WDC 城市中心	RCSI 城市中心
主城区	碧桂园银河城	宏发华城世界橙郡	沈阳市长途客运西站
于洪区	招商曦城	红旗皮革机械公司	辽宁工贸学校
浑南区	五里河公园	沈阳市大道高级中学	工业展览馆
苏家屯区	沈阳体育学院	沈阳市东陵区鑫鼎养殖公司	沈阳市国际展览中心
沈北新区	辽宁工贸学校	沈阳康园产业园	新城子街第二小学

表 3-3-5 沈阳市光学城市群网络城市中心

多中心区域	DC 城市中心	WDC 城市中心	RCSI 城市中心
主城区	振东中学北校区	振东中学北校区	工业展览馆
于洪区	于洪区人民法院	于洪区杨士小学	于洪区人民法院
浑南区	中国航发沈阳发动机研究所	辽宁省奥林匹克体育中心	辽宁省奥林匹克体育中心
苏家屯区	沈阳市公安局交通警察局	沈阳市公安局交通警察局	沈阳市公安局交通警察局
沈北新区	沈阳市汽车检测中心	沈阳市汽车检测中心	沈北大学城

表 3-3-6 沈阳市复合城市群网络城市中心

多中心区域	DC 城市中心	WDC 城市中心	RCSI 城市中心
主城区	振东中学北校区	振东中学北校区	工业展览馆
于洪区	于洪区人民法院	红旗皮革机械公司	于洪区人民法院
浑南区	沈阳市第二十六中学	辽宁省奥林匹克体育中心	辽宁省奥林匹克体育中心
苏家屯区	沈阳市公安局交通警察局	沈阳市公安局交通警察局	沈阳市公安局交通警察局
沈北新区	沈北大学城	沈北大学城	沈北大学城

局部尺度下提取多中心城市区域城市中心，提取的城市中心均位于该多中心城市区域的内部，能够较好地表达多中心城市区域的空间布局，揭示城市中心之间的空间联系，有利于缓解城市中心地带人口密集、交通拥挤等问题，实现组团式发展的规划目标。

沈阳市各多中心城市区域内的城市中心均匀分布在城市行政范围内，但对于不同的城市网络而言，夜光城市群网络识别的城市中心较光学城市群网络和复合城市群网络更加离散，这是由于多中心城市区域的边界限制造成的。夜光城市群网络识别的多中心城市区域边界较沈阳市实际辖区边界有明显不同。例如，苏家屯区位于沈阳市西环线和南环线之外，区域发展水平较低。夜光城市群网络识别苏家屯区的边界在环线之外，而光学和复合城市群网络识别的苏家屯区的多中心区域边界北部则将环线内部发展程度较高的区域包含进来，在城市中心识别时，发展程度较高的地区被优先识别。

成都市城市中心结果如表 3-3-7 至表 3-3-9 所示。

表 3-3-7　成都市夜光城市群网络城市中心

多中心区域	DC 城市中心	WDC 城市中心	RCSI 城市中心
主城区	西南技术物理研究所	四川省体育馆	交大花园武侯小区
青白江区	大成产业园	青白江综合物流港	华夏产业园
郫都区	成都正大有限公司	长生村卫生站	中国水利水电七局
温江区	成都市胜西小学分校	中航工业成飞公司技工学校	泡桐树中学（百仁校区）
新都区	陆上运动学校	四川川运机动车检测站	泰兴小学
龙泉驿区	华阳音乐广场	成都公路口岸	成都美视国际学校
双流区	四川果旺果蔬有限公司	天府公园	天府新经济产业园

表 3-3-8　成都市光学城市群网络城市中心

多中心区域	DC 城市中心	WDC 城市中心	RCSI 城市中心
主城区	成华区税务局	成都旭源化工有限公司	交大花园武侯小区
青白江区	成都狄邦肯思学校	木兰寺	泰兴小学
郫都区	电子科技大学清水河校区	高山葡萄苑	电子科技大学清水河校区
温江区	成都市胜西小学分校	成都市胜西小学分校	成都工业学院
新都区	天回镇站	成都市第十六幼儿园	凤凰山公园
龙泉驿区	一汽四川专用汽车有限公司	一汽四川专用汽车有限公司	成都航空职业技术学院
双流区	正兴兴盛达汽修厂	天府公园	正兴兴盛达汽修厂

表 3-3-9 成都市复合城市群网络城市中心

多中心区域	DC 城市中心	WDC 城市中心	RCSI 城市中心
主城区	成华区税务局	成都旭源化工有限公司	交大花园武侯小区
青白江区	成都狄邦肯思学校	木兰寺	泰兴小学
郫都区	高山葡萄苑	高山葡萄苑	电子科技大学清水河校区
温江区	成都市胜西小学分校	成都市胜西小学分校	成都工业学院
新都区	天回镇站	成都市第十六幼儿园	凤凰山公园
龙泉驿区	新兴镇站	一汽四川专用汽车有限公司	成都航空职业技术学院
双流区	成都美视国际学校	正兴兴盛达汽修厂	天府公园

成都市各多中心城市区域内的城市中心较均匀分布在城市行政范围内。成都市光学和复合城市群网络未能将温江区和郫都区明确划分，在城市中心识别的时候，该区域识别的城市中心应为温江区和郫都区的区域中心。

城市中心结果如表 3-3-10 至表 3-3-12 所示。

表 3-3-10 西安市城市中心识别结果表

多中心区域	DC 城市中心	WDC 城市中心	RCSI 城市中心
主城区	金桥国际广场	纺织城站	德泰曲江幼儿园
灞桥区	水晶汇溪广场	招商城市广场	湾流阔景小区
临潼区	傅家小学	西安枢纽转运中心	临潼区人民医院
高陵区	西安西高公交有限公司	荣平煤场	荣平煤场
未央区	长安大学渭水校区	长城汽车检测站	农业总公司加油站
鄠邑区	鄠邑区汽车北站	西安海林化工有限公司	西安海林化工有限公司
长安区	陕西师范大学长安校区	大苏工业区	沣东实验小学
阎良区	西安航天三沃化学有限公司	西安航空学院阎良校区	阎良区西飞第二中学

表 3-3-11　西安市光学城市群网络城市中心

多中心区域	DC 城市中心	WDC 城市中心	RCSI 城市中心
主城区	西安工业大学友谊校区	西安工业大学友谊校区	西安工业大学友谊校区
灞桥区	西安浐灞滋水公园	西安浐灞滋水公园	水晶汇溪广场
临潼区	天赐源建材城	成越汽修厂	临潼区人民医院
高陵区	渭河大桥附近	渭河大桥附近	泾渭体育运动中心
未央区	奥达文景观园	三桥村卫生室	三桥村卫生室
鄠邑区	西安必盛激光科技有限公司	西安必盛激光科技有限公司	西安高新综合保税区
长安区	陕西省图书馆	陕西省体育运动中心	金桥国际广场
阎良区	西渭小学	西渭小学	阎良区政府

表 3-3-12　西安市复合城市群网络城市中心

多中心区域	DC 城市中心	WDC 城市中心	RCSI 城市中心
主城区	西安工业大学友谊校区	西安工业大学友谊校区	西安工业大学友谊校区
灞桥区	西安浐灞滋水公园	西安浐灞滋水公园	德泰曲江幼儿园
临潼区	西安枢纽转运中心	西安枢纽转运中心	临潼区人民医院
高陵区	渭河大桥附近	渭河大桥附近	泾渭体育运动中心
未央区	三桥村卫生室	三桥村卫生室	三桥村卫生室
鄠邑区	西安草堂宏远机械厂	西安石油大学鄠邑校区	西安石油大学鄠邑校区
长安区	西安高新区第十三初级中学	长安公园	陕西师范大学长安校区
阎良区	西安市湘安水泥制品厂	西安市湘安水泥制品厂	阎良区政府

西安市光学城市群网络识别的多中心城市区域城市中心较为分散。西安市光学城市网络和复合城市群网络未能将阎良区和临潼区划分开，在城市中心识别的时候，该区域识别的城市中心应为阎良区和临潼区的区域中心。

（六）城市中心精度分析

本节依据多中心城市区域结果，利用 DC、WDC 和 RCSI 分别确定了夜光城市群网络、光学城市群网络和复合城市群网络的城市中心，每个参考城市中心设置一个"一公里的圆形缓冲区"，如果识别出的城市中心位于该缓冲区内，则判断识别为分类正确；否则，判断为分类错误。沈阳市、成都市和西安市城市中心精度分析表如表 3-3-13 所示：

依据 RCSI 识别城市中心较 DC 和 WDC 有明显提升。由于夜光城市群网络识别的多中心城市区域边界与沈阳市实际辖区边界有明显不同，采用 DC 和 WDC 均未能识别出城市中心，因此 RCSI 识别城市中心也受到影响。例如，浑南区误判的城市中心为主城区的城市中心工业展览馆。在光学和复合城市群网络中，采用 RCSI 识别城市中心达到了最佳效果，但苏家屯区由于识别多中心区域边界的限制，其城市中心未被正确识别。

夜光、光学和复合城市群网络采用 DC 和 WDC 识别的城市中心的效果均不明显。成都市夜光城市群网络的结构导致识别多中心城市区域边界较差，采用 RCSI 识别出城市中心的数量比光学和复合城市群网络城市中心更少。复合城市群网络采用 RCSI 识别城市中心达到了最佳效果，城市中心基本得到有效识别。此外，受到成都市城市发展状况的限制，三种方法均未识别出主城区的城市中心天府广场。成都市主城区发展较为均衡，位于城市中心的天府公园在 VIIRS/NPP图像上表现出与周边建筑物相近的灰度值，采用 SIFT 算法识别灰度极值点的时候未能将天府广场的灰度极值点识别出来。

夜光、光学和复合城市群网络采用 DC 和 WDC 识别的城市中心的效果均不明显，而采用 RCSI 识别城市中心得到了显著的改善，且三种方法均未识别出灞桥区的城市中心——西安奥体中心和未央区的城市中心汉长安城未央宫国家考古遗址公园。其中，未央区参考城市中心占地面积为 $65km^2$，以该参考城市中心中心点地理坐标为节点建立"一公里缓冲区"，未将该参考城市中心区域完全包含，本节的方法识别的未央区城市中心——三桥村卫生室，虽然位于参考中心附近，但并未在"一公里缓冲区"的空间范围内，因此此类节点判断为错误。

表 3-3-13　多中心城市区域中心识别结果精度

城市	网络模型	城市中心识别方法	正确城市中心数量	准确度
沈阳市	夜光城市群网络	DC	0	0%
		WDC	0	0%
		RCSI	1	20%
	光学城市群网络	DC	1	20%
		WDC	1	20%
		RCSI	4	80%
	复合城市群网络	DC	2	40%
		WDC	2	40%
		RCSI	4	80%
成都市	夜光城市群网络	DC	0	0%
		WDC	0	0%
		RCSI	1	14.29%
	光学城市群网络	DC	1	14.29%
		WDC	1	14.29%
		RCSI	3	42.86%
	复合城市群网络	DC	0	0%
		WDC	0	0%
		RCSI	4	57.14%
西安市	夜光城市群网络	DC	1	12.5%
		WDC	0	0%
		RCSI	1	12.5%

城市	网络模型	城市中心识别方法	正确城市中心数量	准确度
西安市	光学城市群网络	DC	1	12.5%
		WDC	1	12.5%
		RCSI	4	50%
	复合城市群网络	DC	1	12.5%
		WDC	2	25%
		RCSI	6	75%

　　从上表中可以看出，沈阳市、成都市和西安市三个城市利用复合城市群网络识别城市中心达到了最高的城市中心识别精度，而夜光和光学城市群网络城市中心识别精度较复合城市群网络识别精度更低。三种城市网络采用度中心性和加权度中心性均未能识别出城市中心或较少识别出城市中心，采用综合实力指数识别的城市中心精度最高。沈阳市采用综合实力指数识别城市中心复合和光学城市群网络较夜光城市群网络提升了60%。成都市采用综合实力指数识别城市中心复合城市群网络较夜光城市群网络提升了42.85%，较光学城市群网络提升了14.28%。西安市采用综合实力指数识别城市中心时，复合城市群网络较夜光城市群网络的识别精度提升了62.5%，较光学城市群网络提升了25%。

　　从城市中心提取精度可以看出，利用节点灰度值、NDBI值和WDC构建RCSI提取的中心节点映射到实际中多数为该多中心城市区域的中心。例如，沈阳市的工业展览馆是该城市的经济和交通枢纽地带，成都市的天府公园是该城市的文化和交通枢纽地带，西安市的西安工业大学是该城市经济和交通枢纽地带。同时，结合多中心城市区域的边界提取城市中心均位于该城市区域内部，提取中心结果有助于研究城市内部主城区和副城区之间的空间联系以及城市中心的分布特征。

第四节　基于特征向量中心度的城市主城区提取与分析

城市主城区是城市形态空间结构中的重要组成部分，准确提取城市主城区具有重要的现实意义，也对衡量城市化进程和判断城市规划是否合理具有重要意义。在复杂网络理论中，节点的中心性可以作为评价节点在网络中影响力大小的指标。在城市网络中，节点的中心性越大，证明该节点越重要，能够代表小区域的中心。因此，本节研究利用节点的中心性理论识别城市网络中的核心结构节点以及中心结构节点，并通过空间映射实现主城区提取。

一、基于特征向量中心度的城市主城区提取方法

城市主城区概念一般被用于特大城市及超大城市，这类城市辖区数量较多，相关学者为了区分城市核心区域，提出了主城区的概念。

城市环路是以市中心区为中心，绕成圈的道路。城市环路的概念最早源于城市规划学中的城市交通规划。随着城市的发展，逐渐在城市内部形成多条环路，环路与环路之间并不交叉，而是通过中心辐射路进行连接。在我国存在环路的城市有北京、成都、沈阳、西安、郑州等，其中北京是中国城市中环路最多、最具代表性的城市。由于环路是随着城市发展逐步向外修建的，越靠近城市中心的环路内，城市配套设施越完善，路网越密集。学者通常将城市环路内的范围与主城区范围相关联，一些绕城高速或环路常被用来定义城市主城区的边界[134]。

节点中心性多被用于"核心—边缘"结构识别，用来区分核心结构节点以及边缘结构节点，核心结构节点多位于网络的核心区域。在城市主城区范围内的节点多位于城市中央区域，与城市网络的核心节点所在位置相似。本节以复杂网络的"核心—边缘"结构识别算法作为提取城市主城区的方法，通过将网络的核心结构节点映射到影像对象，实现主城区提取。

（一）中心性分析方法

本书第二章第一节第四点和第二章第二节第四点这两部分详细阐述了复杂网络的中心性及其评价指标，包括度中心性、介数中心性、特征向量中心性等。可

以发现，节点的度中心性仅从局部网络角度衡量节点的中心性，尽管其计算简单，但准确性较低。而介数中心性及特征向量中心性充分考虑了网络的全局属性，尽管计算过程较复杂，消耗的时间成本更多，但准确性也更高。

（二）改进的"核心—边缘"结构识别算法

"核心—边缘"结构识别算法将复杂网络节点分为核心结构类和边缘结构类两类。其中，核心结构节点之间连接程度较高，而边缘结构节点之间连接程度较低，且多与核心类节点连接。此外，中心度越高的节点属于核心结构类的概率越大。

传统的"核心—边缘"结构识别算法基于节点度中心性，而度中心性只考虑到连接节点的数量，并未考虑相邻节点本身的中心性，导致在非核心区域的某个节点会由于连接多个节点而被误分为核心区域节点。这种方法提取的核心结构节点分散程度较高，并不适用于城市主城区提取，而利用特征向量中心度作为分析节点连接模式的评价指标能够很好地解决这个问题。以此为依据，利用特征向量中心度改进了"核心—边缘"结构识别算法，具体方法如下：

首先，根据节点特征向量中心度的大小将节点进行降序排列，得到序列 $e(r)$，r 为序号。其次，将节点 i 与其他节点的连接模式分为两种，即连接具有较高中心度节点的高指向连接模式，连接具有较低中心度节点的低指向连接模式。特征向量中心度 e_i 分解为来自高指向连接模式的高中心度 e_i^+ 和来自低指向连接模式的低中心度 e_i^-，即

$$e_i = e_i^+ + e_i^-$$

其次，将节点的高指向连接的数量作为序号 r 的函数。此时，中心度高的节点拥有更多的连接，但都是指向低中心度节点的连接，即 $e_i^+(r=1)=0$；中心度低的节点具有的连接数量较少，但多为指向高中心度节点的连接，即 $e_i^+(r=N)=e_{min}$。

最后，定位具有最大数量高中心度 e_i^+ 的序号 r^*。所有序号小于或等于 r^* 的节点为核心结构类，其余为边缘结构类。"核心—边缘"结构节点对应的图像元素形成了夜光图像全局结构，核心结构节点代表的地理单元为城市主城区。

综上所述，利用城市网络节点的特征向量中心度来识别网络的核心结构节点，

通过空间映射建立核心节点与前文分割后的 Landsat 8 影像对象之间的关系，将核心结构节点所在的影像对象进行融合，从而提取城市主城区。

二、实验与分析

（一）城市主城区提取结果

改进的"核心—边缘"结构识别算法是基于特征向量中心度对城市网络模型核心结构类节点进行提取。与传统的"核心—边缘"结构识别算法基于度中心性提取相比，特征向量中心度由于考虑了周围节点的重要性，提取的核心节点更加符合城市主城区结构。分别利用改进后的"核心—边缘"结构识别算法与改进前传统的"核心—边缘"结构识别算法对沈阳、成都和西安三个城市网络的核心结构类节点提取。

利用度中心性提取的城市网络核心结构类节点大部分位于城市的中心地带，少数位于城市副城区的中心区域以及城乡接合部。节点所在的实际位置与城市主要环线内的主城区有较大差别。而基于特征向量中心度提取的核心类节点较基于度中心性提取的结果完整度更高，核心结构类节点全部聚集在城市中心区域，更符合城市主城区分布特征。

为了提取城市主城区，更好地对比两种方法提取结果的差别，本节将两种方法提取的核心节点以及非核心节点映射到前文分割后的 Landsat 8 影像对象。本节将属于相同类别的影像对象进行融合，得到城市核心区域和非核心区域，并将核心区域定义为城市主城区。

利用特征向量中心度改进的"核心—边缘"结构识别算法提取的主城区结果更加完整、面积更大且位于城市中心区域，更加符合城市主城区的实际分布特征。

（二）城市主城区精度评定

本节的城市主城区提取方法可以理解为二分类问题，对分类后的结果采用混淆矩阵进行精度评定。在检验城市主城区提取精度时，可以针对研究区域内所有像元，统计其分类图中的类别与实际类别之间的混淆程度。Kappa 系数是一个用于一致性检验的指标，可以评价遥感影像分类结果的好坏。

以城市总体规划为依据，本节的研究将城市核心环路内的范围定义为城市主城区。其中，沈阳以新二环为标准、成都以绕城高速为标准。由于西安城市内有汉长安城遗址，在划定主城区标准时去掉该部分，因此西安以绕城高速、渭河、灞河以及西三环的范围为标准。本节的精度验证首先通过验证网络节点分类结果是否正确来构建混淆矩阵。然后通过混淆矩阵计算得到沈阳、成都、西安两种分类方法的总体精度以及 Kappa 系数。

利用两种方法提取沈阳、成都、西安三个城市主城区，得到的混淆矩阵以及相关精度如表 3-4-1 至表 3-4-2 所示。其中，表格第一排类别表示实际类别，第一列类别表示提取结果类别。

表 3-4-1　传统方法提取沈阳市主城区精度

类别	主城区	非主城区	合计
主城区	36	24	60
非主城区	10	75	85
合计	46	99	145
Pe	53.15%		
Po	76.55%		
Kappa	49.95%		

表 3-4-2　改进方法提取沈阳市主城区精度

类别	主城区	非主城区	合计
主城区	41	8	49
非主城区	5	91	96
合计	46	99	145
Pe	55.95%		
Po	91.03%		
Kappa	79.65%		

利用"核心—边缘"结构识别算法提取的核心结构类节点更接近沈阳主城区

实际范围。其中，利用度中心性提取的沈阳市主城区主要包括二环内的大部分地区以及沈北新区的部分地区，与沈阳市主城区实际范围有较大出入。而利用特征向量中心度提取的主城区范围均位于沈阳市城市核心地带，剔除了副城区中心城区的影响，与主城区实际范围相差不大。利用特征向量中心度提取的主城区错分部分主要位于主城区北部北陵公园附近，主要原因是该区域与主城区紧密连接，不易区分城区边界。将两种方法提取结果进行对比后可以得出，利用本节改进后算法提取的实验结果面积更大，所处位置更加符合城市主城区的规划要求。同时，与传统方法相比，由于改进后的方法充分考虑了相邻节点的中心性，可以降低组团核心区对主城区提取结果的影响。

如表 3-4-1 和表 3-4-2 所示，基于度中心性提取结果的总体精度为 76.55%，Kappa 系数为 49.95%；基于特征向量中心度提取结果的总体精度为 91.03%，Kappa 系数为 79.65%。与传统方法相比，改进后方法的总体精度和 Kappa 系数均有很大程度的提高，能够说明本节方法的优越性，Kappa 系数 79.65% 也能够证明经此方法提取的主城区结果与实际结果高度相似。

表 3-4-3　传统方法提取成都市主城区精度

类别	主城区	非主城区	合计
主城区	64	28	92
非主城区	69	185	254
合计	133	213	346
Pe	55.41%		
Po	71.97%		
Kappa	37.14%		

表 3-4-4　改进方法提取成都市主城区精度

类别	主城区	非主城区	合计
主城区	107	16	123
非主城区	26	197	223

续表

类别	主城区	非主城区	合计
合计	133	213	346
Pe	53.34%		
Po	87.86%		
Kappa	73.98%		

　　利用特征向量中心度提取的成都市主城区面积远大于利用度中心性提取的主城区面积。利用度中心性提取的主城区分布在城市多个城区，且位于绕城高速内的范围较小；而利用特征向量中心度提取的主城区几乎都位于绕城高速以内，提取面积与实际面积相差不大。利用特征向量中心度提取的成都市主城区错分部分主要位于主城区南侧和西侧，一方面，是因为绕城高速南侧双流机场板块与主城区连接紧密，易被误分为主城区；另一方面，位于主城区西侧的成都大熊猫繁育研究基地、北湖生态公园等景区仍保持原始自然风貌，与周边城市建成区有明显区别，且夜晚亮度不高，易被误分为非主城区。

　　如表 3-4-3 和表 3-4-4 所示，在所属主城区的 133 个节点中，利用本节改进的"核心—边缘"结构识别算法能够识别出其中的 107 个节点，而利用传统方法仅能识别出 64 个，在非主城区的 213 个节点中，利用本节方法能够识别出其中的 197 个，传统方法仅为 185 个。从精度上看，利用本节方法提取算法识别的成都市主城区总体精度为 87.86%、Kappa 系数为 73.98%，相比于改进前总体精度 71.97%、Kappa 系数 37.14% 已经有了很大的提升。总体精度的提高证明了分类结果更好，Kappa 系数位于 61% 到 80%，说明本节方法提取的成都主城区结果与实际范围高度一致，证明了其优越性。

表 3-4-5　传统方法提取西安市主城区精度

类别	主城区	非主城区	合计
主城区	76	13	89
非主城区	20	53	73

续表

类别	主城区	非主城区	合计
合计	96	66	162
Pe		50.91%	
Po		79.63%	
Kappa		58.50%	

表 3-4-6　改进方法提取西安市主城区精度

类别	主城区	非主城区	合计
主城区	88	16	104
非主城区	8	50	58
合计	96	66	162
Pe		52.63%	
Po		85.19%	
Kappa		68.74%	

利用两种方法提取的主城区结果整体性更佳，且都位于西安辖区中心部位，这主要与西安的空间格局呈棋盘分布有关，以及主城区与副城区之间界限不明显有关。与传统方法相比，利用特征向量中心度提取的结果面积更大，更符合主城区的分布特征。

如表 3-4-5 和表 3-4-6 所示，利用特征向量中心度改进的算法提取的西安主城区总体精度为 85.19%、Kappa 系数为 68.74%，与改进前相比均有所提高。

综上所述，利用传统的复杂网络"核心—边缘"结构识别算法提取的城市主城区结果面积较小，斑块数量较多。利用经过特征向量中心度改进后的"核心—边缘"结构识别算法提取的结果集中于城市中心地带，提取结果大小也更接近实际主城区范围。如表 3-4-5 至表 3-4-6 所示，利用改进后的"核心—边缘"结构识别算法提取结果平均总体精度为 88.03%，Kappa 系数为 74.12%，较传统方法分别提高了 11.98% 和 25.59%。在三个城市中，沈阳、成都利用改进后算法提取结果的精度提升要比西安的高，说明本节方法能够有效剔除副城区中心城区对主城区的影响，利用本节的方法能够有效地识别城市核心区和非核心区。沈阳、成都、西安三个城市提取结果的 Kappa 系数均大于 61%，说明此方法的准确性较高，是一种有效提取城市空间结构的方法，能够为规划部门提供帮助。

第五节　本章小结

本章的研究以"多尺度城市空间形态结构"为主题，深入探讨了城市形态空间结构的复杂性，提出了一种基于异源数据和复杂网络的城市形态空间结构识别方法，因其能够有效地整合不同数据源，包括铁路客运数据和夜间灯光数据，更全面地描述城市空间特征。

在第三章第二节中，详细介绍了如何构建复合城市群网络模型，充分考虑了多个因素，包括行政因素和自然因素。这一方法不仅提供了数据的信息互补性，还为异源数据的融合提供了可靠手段。更重要的是，强调了数据源的空间属性，提出了一种考虑空间属性的复杂网络中心节点结构识别方法，从而提高了识别精度。这一进展对于更好地将复杂网络理论应用于城市空间数据的分析具有重要意义。

在第三章第三节中，介绍了基于遥感影像的多中心城市区域和城市中心提取方法。通过 SIFT 算法、多尺度分割算法以及多种数据源的综合利用，成功识别了城市中心和多中心城市区域。这个方法不仅提高了城市中心提取的准确性，而且更符合城市多中心结构的规划，为城市空间规划和管理研究提供了新的思路。

在第三章第四节中，进一步介绍了多源遥感影像提取城市主城区的方法。通过分形网络演化算法和多数据源的结合应用，提高了提取的精度，同时也解决了尺度偏差的问题。这一方法的改进使得提取结果更连续、更完整，更符合城市多中心结构的规划，为城市主城区的规划和管理研究提供了新的方法和视角。

综上所述，本章的研究通过对复杂网络理论的运用，为城市空间形态结构的多尺度分析提供了新的方法和思路，有助于更全面地理解城市的组织方式和发展趋势，为城市规划和管理提供更精确的工具和方法。

第四章　基于复杂网络社区的
城市生态空间结构识别及稳定性分析

　　深入研究城市生态空间结构的辨识和稳定性分析，将生态具象化，重点关注市植被覆盖的演变过程，通过提取植被和城市的覆盖度，构建二者分级特征。使用空间分析方法，提取二者空间分布特征，达到多层次研究的目的，基于复杂网络社区结构的拓扑特征揭示城市植被与城市化之间复杂而深刻的相互关系，为可持续的城市发展和生态保护提供了有益见解，具有实践意义。

第一节　研究区概况及数据

一、研究区概况

由于城市地理环境、经济发展水平对植被覆盖变化与城市化的相关性具有重要的影响，因此本章选择具有代表性的中国城市作为研究对象，例如，经济发达、植被覆盖度高的苏州市、武汉市和广州市，经济发展相对滞后、植被覆盖度高的沈阳市，经济发展相对滞后、植被覆盖度相对较低的兰州市。第二和第三小节的研究区为沈阳、苏州、兰州、武汉和广州的市辖区范围，第四小节考虑到生态网络不受行政区划的限制，故以行政区划为中心建立半径 70km 缓冲区作为研究区。

沈阳坐落于我国东北地区南部，位于北纬 41° 48′ 11.75″ 和东经 123° 25′ 31.18″ 之间，是一个副省级城市和辽宁省省会城市，位于辽宁省中北部，是辽宁省人口最多的城市。截至 2023 年，全市下辖 10 个区，2 个县，代管 1 个县级市，总面积 12 860km²，年末全市常住人 6 920.4 万人。下辖 10 个区为：和平区、沈河区、皇姑区、大东区、铁西区、浑南区、于洪区、沈北新区、苏家屯区和辽中区。沈阳是中国重要的工业中心、新改革开放区沈阳经济区的核心城市、中国东北的交通和商业枢纽。该市行政区域的西部位于辽河系统的冲积平原上，而东部则由长白山的腹地组成，并被森林覆盖。沈阳的最高点是海拔 414m，最低点仅 7m。市区的平均海拔为 45m。全市主城区位于浑河北部，原辽河最大的支流，往往在当地被称为城市的"母亲河"。沈阳市属温带半湿润大陆性气候，降水集中在夏季，温差较大，四季分明，植被覆盖率高，并在 2005 年被授予"国家森林城市"称号。

苏州市地处我国华东地区东部，位于东经 119° 55′ ～121° 20′，北纬 30° 47′ ～32° 02′，是位于江苏省东南部的一个主要城市，作为江苏省的第二大城市，是主要的经济中心和贸易中心，仅次于省会南京。总面积 8 657.32km²，城镇化率 76.05%，苏州市辖 5 个区：姑苏区、虎丘区、吴中区、相城区、吴江区。苏州是地级市，其市区人口为 433 万，行政区域总人口（截至 2013 年）为 1058 万。

2013 年苏州的 GDP 总额超过 1.3 万亿元人民币（同比增长 9.6%），2019 年全国 GDP 排名为第六位。苏州已成为世界上经济增长最快的主要城市之一，过去 35 年的 GDP 增长率约为 14%。苏州的人类发展指数等级具有较高的预期寿命和人均收入，与中等发达的国家大致相当，成为中国最发达、最繁荣的城市之一。苏州具有四季湿润的亚热带气候，夏季炎热潮湿，冬季凉爽潮湿，有较高的植被覆盖度。

兰州位于我国西北部地区黄河两岸，是重要的区域交通枢纽，位于北纬 36°03′ 和东经 103°40′ 之间，为甘肃省省会城市，在甘肃省的中部，总面积 13 085.6km²。市辖 5 个区，分别为城关区、七里河区、西固区、安宁区、红古区。到 2018 年，中心城区内的人口达到了 289 万。2008 年，兰州的人均 GDP 为 25 566 元人民币，在中国 659 个城市中排名第 134。2015 年，人均 GDP 增至 57 191 元人民币，该市在中国城市 GDP 中排名第 100 位。虽然兰州市是中国西北地区重要的中心城市，还是丝绸之路经济带的重要节点城市，但历史与地理原因导致经济发展相对滞后。兰州市海拔 1600m，地势西部和南部高，东北低，属于温带半干旱气候，夏季炎热，冬季寒冷干燥，大部分地区气候干燥，自然生态环境脆弱。

武汉位于我国的中部地区，地理位置东经 113°41′～115°05′，北纬 29°58′～31°22′。它是超大城市和国家中心城市，湖北省省会、副省级城市[135]。中国中部暨长江中游地区第一大城市，也是中部地区的政治、经济、金融、商业、物流、科技、文化、教育中心及交通、通信枢纽，国家历史文化名城，有"九省通衢"的美誉。截至 2019 年末，全市下辖 13 个区，总面积 8 494.41km²，常住人口 1121.2 万人。2019 年，武汉市生产总值达 16 223.21 亿元人民币，位列 2019 年中国 GDP 总量排名第八名。武汉市海拔高度在 19.2m 至 873.7m 之间，大部分在 50m 以下。武汉市属北亚热带季风性（湿润）气候，具有常年雨量丰沛、热量充足、雨热同季、光热同季、冬冷夏热、四季分明等特点。

广州地处我国南部、广东省中南部、珠江三角洲中北缘，位于东经 112°57′～114°3′，北纬 22°26′～23°56′。广州是粤港澳大湾区、泛珠江三角洲经济区的中心城市以及"一带一路"的枢纽城市，为世界一线城市。截至 2019 年，全市下辖 11 个区，总面积 7434km²，建成区面积 1249.11km²，常住人口 1530.59

万人，城镇人口 1323.35 万人，城镇化率 86.46%。2019 年广州市地区生产总值达到 23 628 亿元，GDP 总量为中国第 4。广州属于丘陵地带，地势东北高、西南低，背山面海，北部是森林集中的丘陵山区。广州地处亚热带沿海，北回归线从中南部穿过，属海洋性亚热带季风气候，以温暖多雨、光热充足、夏季长、霜期短为特征。全年水热同期，雨量充沛，利于植物生长，为四季常绿、花团锦簇的"花城"。

二、数据来源

（一）GEE 云平台

GEE 全称 Google Earth Engine，是一个融科学分析以及地理信息数据可视化于一体的综合性空间分析服务平台。主要有两种方式访问和控制平台进行脚本编写和结果可视化，一种是使用 Internet 访问应用程序编程接口（Application programming Interface，API），另一种是使用基于互联网（Web）的交互式开发环境（IDE）[136]。

用户可以在 GEE 平台中搜索所需数据，该平台的公共数据库提供的数据均可免费使用[137]。数据目录包含了大量公开的地理空间数据集，包括整个美国地球资源观测与科技中心（EROS）美国地质勘探局（VSGS）和国家航空航天局（NASA）的 Landsat 目录，大量的中分辨率像光谱仪（MODIS）数据集，Sentinel 数据，航行资料汇编（NAIP）数据，降水量数据，海面温度数据，气候危害组红外降水与站点（CHIRPS）气候数据和海拔数据。该目录中的数据每天不断地更新，数据均经过基础的预处理，生成基本的产品可供随时调用。用户还可以上传自己的数据，以便在 Earth Engine 中进行分析，并完全控制访问权限。

用户可以使用 Earth Engine API 提供的操作程序库来访问和分析公共目录中的数据以及他们自己的私有数据。平台为用户提供了 Python API 和 JavaScript API 两种轻量级编程语言，前者需要在本地计算机进行相应的环境配置，后者无需本地环境配置，它是以 Web 为基础的交互模式平台，两种方式都可以通过函数库调用函数，对相应的数据进行处理。在代码编辑器中编写的代码将转换为表示指令集的对象，然后将指令集发送到"谷歌"进行处理，在许多计算机上并行运行请求的分析，就像一个超级计算机来进行地理空间分析，提高分析效率[138]。

（二）Landsat 数据

关于 Landsat 数据的相关信息已在本书第三章第一节第二点中详细介绍。本章采用其提取植被覆盖度，并用于构建植被的覆盖度特征和空间分布特征。本章的 Landsat 数据由 GEE 平台的 USGS Landsat 数据一级大气校正反射率遥感数据产品（USGS Landsat Collection 1 Tier 1 calibrated Top-of-Atmosphere reflectance）数据集获得，分别为 2000 年、2004 年、2008 年和 2011 年的 Landsat 5 专题制图仪（Thematic Mapper）TOA 数据，以及 2015 和 2019 年的 Landsat 8 陆地成像仪（Operational Land Imager）TOA 数据。Landsat 5 TM 和 Landsat 8 OLI 数据分别具有 7 个和 11 个波段，其最高的空间分辨率分别为 30m 和 15m。

（三）夜间灯光数据

DMSP/OLS 和 VIIRS/NPP 夜光遥感数据为应用较广泛的夜间灯光数据，本书第三章第一节第二点已详细介绍了上述两者的相关内容。本章采用 DMSP/OLS 和 VIIRS/NPP 夜光遥感数据提取城市覆盖度，并用于构建城市的覆盖度特征和空间分布特征以及后续社区结构拓扑特征的研究。通过 GEE 平台获取了 2000、2004、2008 和 2011 年的年度均值 DMSP/OLS 夜光遥感数据，这些数据去除了阳光、月光、云彩、野火、闪电和极光等干扰因素。又获取了 2015 年和 2019 年的夏季的稳定月合成 VIIRS/NPP 夜光遥感数据。

三、数据预处理

（一）Landsat 数据处理

1. 大气校正

遥感影像在获取的过程中可能会受到大气的影响，造成传感器接收到的地面地物信息无法正确反映地面地物的光谱特性。因此，在遥感研究中要减弱甚至消除大气对影像数据的影响。地物真实的表面反射率的准确性能够影响地表植被、水体、林地和河流等的反演精度，对于高精度的遥感应用研究具有重要意义[139]。

由于传感器在获取地表地物辐射信息的过程中，会连续两次受到大气的吸收和散射的影响，造成接收到的地物辐射值相比地面地物辐射的真实值存在一定程度的差异[140]。因此，在高精度的遥感研究中，要减弱甚至消除大气的影响，保证研究结果的可靠性。

Earth Engine 包含各种 Landsat 特定的处理方法，具体包括计算传感器辐射亮度、大气顶部（TOA）反射率、表面反射率（SR）等。其中，TOA 转换由 GEE 中的算法函数 ee.Algorithms.Landsat.TOA 处理，此方法将热波段转换为亮度温度，将所研究的 Landsat 原始数据通过计算得到 Landsat TOA 数据。经过大气校正后的 Landsat 影像可以准确表示地物辐射的数据，为后续的植被覆盖研究和土地覆盖的提取分析提供可靠的数据支持。

2. 影像去云与裁剪

由于获取的 Landsat 影像图幅很大，普遍大于研究区范围，在原始影像的基础上研究，计算的工作量会大，而且一些区域的最大云量为 100%，为了不影响后续研究的进行，我们需要根据研究区的范围对原始影像进行去云和裁剪处理工作。

GEE 中提供着一系列针对不同影像的去云算法。本章采用的是 GEE 中关于 Landsat 系列中合成无云复合影像的算法：ee.Algorithms.Landsat.simpleComposite。为了最小化云和云阴影的影响，我们使用了 GEE 中可用的云评分算法，该算法计算简单且可行。通过相对云量对 Landsat 像元进行评分，Earth Engine 在去云方法中提供了一种基本的云评分算法，根据亮度、温度和归一化差异学指数（Normalized Difference Snow Index，NDSI）的组合计算得出云量 [0，100] 范围内的简单云可能性得分。本次研究设置的云量阈值为 20。通过获取研究区域的矢量边界文件数据上传到 GEE 中，使用 ee.Image.clip 函数对影像集合进行裁剪，得到研究区域的影像。

3. 最大值合成

在应用云掩模和裁剪后，对研究区内一年的所有图像，利用每个场景的近红外波段和红波段的 TOA 反射率来计算 NDVI，然后从一年的所有 NDVI 值中，对一年中的 NDVI 最大值进行了聚合，再使用最大值合成法将所有影像进行合成，选取各月每旬的 NDVI 数据选取最大值，ee.Reducer.max 为此方法在 GEE 中的表达函数。最大 NDVI 代表一年中植被丰度最高的水平，描绘了植被损益检测需要分析的主要数据，而最大值合成法的目的主要是消除云、大气气溶胶、太阳高度角的部分干扰。

（二）夜间灯光数据处理

1. 数据预处理

采用行政区域对使用数据进行处理，并将裁剪后的影像数据的地图投影设置为亚洲兰勃特正形圆锥投影（Asia Lambert conformal conic projection）。其中，DMSP/OLS 和 VIIRS/NPP 夜光遥感数据的重采样精度为 1000m。为了获得连续性强、准确的多时相夜间灯光数据，本章对 DMSP/OLS 数据和 VIIRS/NPP 数据进行了相对辐射校正。

2.DMSP/OLS 夜光遥感数据相对辐射校正

本章采用了埃尔维奇等提出的采用二元回归模型的相对辐射校正算法[141]。该方法假设参考区域的灯光灰度值基本不发生变化，建立二次回归方程描述纠正后灰度值和原灰度值的关系，选择 F12 1999 参考区域的灯光灰度值作为样本，求解二次回归方程的系数，从而实现不同时相的 DMSP/OLS 数据的纠正，二次回归方法如下所示：

$$Y = a \times X^2 + b \times X + c$$

其中，Y 为校正后的数据，X 为待校正的数据，a、b、c 为系数。F12 卫星的 1999 年数据被用作参考数据，相对辐射校正后的图像。

3.VIIRS/NPP 夜光遥感数据相对辐射校正

为了保证 DMSP/OLS 数据和 VIIRS/NPP 的连续性，本章采用 Li 等的方法对 DMSP/OLS 与 NPP/VIIRS 相互校正[142]。该方法通过幂函数描述二者之间的非线性关系，将 VIIRS/NPP 数据校正为模拟 DMSP/NPP 数据，校正公式如下所示：

$$Y = aG(X, b) * M$$

其中，Y 为校正后的数据，X 为待校正的数据，G 为矩阵 X 的幂函数，a

和 b 为系数，M 为窗口尺寸为 13 像素的高斯滤波器，σ 为 Sigma 值。为了避免得到模拟 DMSP/NPP 数据出现过饱和现象，本章依据经验将 Y 中灰度值超过 63 的像元再次校正，将这些像元的灰度值校正为 63，相对辐射校正后的图像。

四、辅助数据

辅助数据包括 Sentinel 数据、DEM 数据、坡度数据和降水数据。这些数据主要用于第四小节社区结构拓扑特征研究中最小阻力累积面的创建，其中，降水数据主要来源于 TerraClimate，坡度数据则由 DEM 数据通过 GEE 平台 ee.Terrain. slope 算法所得。

（一）Sentinel 数据

随着欧盟哥白尼计划的启动，发射了哨兵系列的对地观测卫星，分别为哨兵 1 号（Sentinel-1）和哨兵 2 号（Sentinel-2）。其中，Sentinel-2 卫星携带一台多光谱成像仪（MSI），运行高度为 786km，可覆盖 13 个光谱波段，幅宽达 290km。地面分辨率分别为 10m、20m 和 60m，一颗卫星的重访周期为 10 天，两颗卫星互补，重访周期为 5 天，具有更高的地面观测频率，从可见光和近红外到短波红外，具有不同的空间分辨率，在光学数据中，哨兵 2 号数据是唯一一个在红边范围含有三个波段的数据，这对监测植被健康信息非常有效。为获得更精准的土地覆盖分类数据，本章采用 Sentinel-2 数据展开土地覆盖分类提取，由于哨兵系列卫星发射时间较晚，且在 Google earth engine 数据平台上可直接获取的高质量数据年数据不全，因此，仅在 2019 年使用该数据。为了更加准确地使用该数据进行后续的研究，对此数据进行了去云、裁剪等预处理，方法与 Landsat TOA 数据预处理基本相同，这里不作赘述。

（二）DEM 数据

全球多分辨率地形高程数据 2010（Global Multi-resolution Terrain Elevation Data 2010，GMTED2010）数据集包含从各种来源收集的地球高程数据，由美国地质勘探局（United States Geological Survey，USGS）提供。本章所使用的数据集的版本是 Breakline Emphasis，7.5 弧秒分辨率。通过折线指定分析窗口内保持任何最小高程值或最大高程值，以维持景观内的关键地形特征（河流或山脊）。

GMTED2010 的主要来源数据集是国家地理空间情报局（National Geospatial-Intelligence Agency，NGA）的航天飞机雷达地形测绘使命（SRTM）数字地形高程数据（DTED）1 弧秒数据。

（三）TerraClimate 数据

TerraClimate（Monthly Climate and Climatic Water Balance for Global Terrestrial Surfaces，University of Idaho）是全球地面每月气候和气候水平衡的数据集，可用范围为 1958 年 1 月 1 日至 2019 年 12 月 1 日。它使用气候辅助插值法，将来自 WorldClim 数据集的高空间分辨率气候法线数据与来自 CRU TS4.0 和日本 55 年再分析（JRA55）的较粗糙空间分辨率时变数据相结合。从概念上讲，该程序将来自 CRU TS4.0/JRA55 的内插时变异常应用于 WorldClim 的高空间分辨率气候学数据，以创建涵盖更广泛时间记录的高空间分辨率数据集。

大多数全球陆地表面温度、降水和蒸汽压力，时间信息从 CRU TS4.0 中获得。然而，JRA55 数据用于 CRU 数据没有任何气候站（包括南极洲所有地区以及非洲部分地区、南美和分散岛屿）的区域。爱达荷大学为温度、蒸汽压力和降水的主要气候变量提供了关于有助于地球气候研究而使用 CRU TS4.0 数据的站数（0～8 之间）额外数据。JRA55 仅用于太阳辐射和风速的数据补充。

第二节　基于大津算法的城市植被覆盖自适应损益特征提取及分析

植被作为城市生态系统不可或缺的部分，对于区域性能量平衡、物质循环有重要的调控作用。本节提出了一种植被覆盖度特征提取方法，剔除了建筑物周围存在植被溢出问题的像元，与传统使用像元二分模型进行植被覆盖度提取相比，具有更好的精度和效果，并将此方法应用于城市覆盖提取，也取得了较好成果。本节的研究内容围绕对植被和城市的覆盖提取，分级构建覆盖度特征展开，基于遥感数据对植被覆盖变化和城市化的覆盖度特征相关性进行分析研究。

一、基于大津算法的覆盖自适应损益特征构建

（一）基于像元二分模型的覆盖度特征

1. 植被覆盖比例特征

NDVI 是归一化植被指数，可以很好地反映植被的生长状态，主要应用于植被的探测和监测。目前常用的 NDVI 数据是由 Landsat 传感器（30m）、美国国家航空航天局最新的中分辨率成像光谱仪（MODIS）（250m）和美国国家海洋和大气层管理局（NOAA）的 AVHRR（1km）收集的。由于 MODIS-NDVI 和 AVHRR-NDVI 具有空间分辨率过低的问题[143]，因此本节使用 Landsat 卫星影像来计算 NDVI，其有着较高的时空分辨率，更利于植被变化的检测。NDVI 的计算公式如下[144]：

$$NDVI = \frac{NIR - R}{NIR + R}$$

其中，$NDVI$ 为归一化植被指数，NIR 为近红外波段像元对应的灰度值，R 为红波段像元对应的灰度值。

由于植被覆盖度可以消除 NDVI 的过饱和性以及达到更好的低覆盖植被描述能力，本节采用植被覆盖度反映地表植被的覆盖情况。像元二分模型是一种基于线性像元分解模型的植被覆盖度计算方法，本节采用该模型计算植被覆盖度。该方法的原理将每个像元的信息像元光谱信息（NDVI）由植被部分（$NDVI_v$）和非植被部分（$NDVI_s$）组成，其中，非植被部分主要是裸土像元，植被覆盖度由植被和非植被像元对应的 NDVI 值加权构成，权重即为两部分占据该像元面积的百分比 [145]。即，

$$NDVI = NDVI_V + NDVI_S$$

假设图像中的纯植被信息为 $NDVI_{veg}$，那混合像元中植被贡献的信息 $NDVI_v$ 可以表示为：

$$NDVI_V = NDVI_{veg} \times FVC$$

其中，$NDVI_{veg}$ 为纯植被像元的 NDVI 值，FVC 为像元植被覆盖度大小。

同理，假设纯土壤信息为 $NDVI_{soil}$，那混合像元中土壤贡献的信息 $NDVI_s$ 可以表示为：

$$NDVI_s = NDVI_{soil} \times (1 - FVC)$$

上述公式经过变换，可以得出区域植被覆盖度的最终计算公式，植被覆盖度 FVC 的计算公式如下：

$$FVC = \frac{NDVI - NDVI_{soil}}{NDVI_{veg} - NDVI_{soil}}$$

本节采取给定置信度区间的最大值和最小值的确定方法来确定 $NDVI_{veg}$ 和 $NDVI_{soil}$，通过分析 Landsat-NDVI 数据，同时考虑研究区植被覆盖的实际状况，在年最大合成 $NDVI$ 频率累积表上取频率为 5% 对应的 $NDVI$ 值作为 $NDVI_{soil}$，取累积频率为 95% 的 $NDVI$ 值作为 $NDVI_{veg}$。

2.城市覆盖比例特征

夜光数据的过饱和性导致夜光数据对城市化描述层次不足。鉴于植被覆盖度具有的消除 NDVI 饱和的优势，本节提出了一种基于夜光数据的城市覆盖度计算方法。城市覆盖度以像元二分模型为基础，假定像元仅由城市与非城市区构成，城市覆盖度由建成区和非建成区像元对应的夜间灯光数据灰度值加权构成，权重即为两部分占据该像元面积的百分比。城市覆盖度（Fractional of Build-up Coverage，FBC）的计算公式如下：

$$FBC = \frac{NTL - NTL_{other}}{NTL_{build-up} - NTL_{other}}$$

其中，NTL 为夜间灯光数据的像元灰度值，$NTL_{build-up}$ 为属于建成区的夜间灯光数据的像元灰度值，NTL_{other} 为非建成区的夜间灯光数据的像元灰度值。

为了将城市提取成果达到最佳效果，首先，选取夜间灯光强度 DN=40 作为城市基本识别阈值，即 DN ≥ 40 的区域被视为城市[146]；其次，使用城市覆盖度对其进行地表建成区覆盖状况的衡量；最后，选择二值分割法对建成区和非建成区的像元进行划分。由于 VIIRS/NPP 数据均已经校正为模拟的 DMSP/OLS 数据，因此 DN=40 的城市分割阈值同样适用。

（二）大津二值分割算法

OTSU[78] 算法是日本学者大津展之在 1979 年提出的一种基于概率统计学原理的自适应阈值分割算法，该算法把影像像元灰度分为背景和目标，通过计算每一次分类结果的类间方差，选取使得类间方差最大的灰度级作为最佳阈值[147]。由于分割效果好，因此被广泛应用于影像阈值分割中。

大津二值分割算法的基本原理如下，设图像像素总量为 N，灰度范围为 $[0, K]$，对应灰度级 i 的像素个数为 n_i，其出现的概率为：

$$P_i = \frac{n_i}{N}, \quad i = 0,1,2,\cdots, K, \sum_{i}^{K} P_i = 1$$

根据灰度阈值 t，把影像中像元分成 A 和 B，A 由灰度值 $[0, t]$ 之间的像素组成，B 由灰度值 $[t+1, K]$ 之间的像素组成，则 A 和 B 的概率分别为：

$$\omega_0 = \sum_{i=0}^{t} P_i, \quad \omega_1 = \sum_{i=i+1}^{K} P_i = 1 - \omega_0$$

A 和 B 的灰度均值分别为：

$$\mu_0 = \sum_{i=0}^{t} \frac{iP_i}{\omega_0}, \quad \mu_1 = \sum_{i=i+1}^{K} \frac{iP_i}{\omega_1}$$

整幅影像的灰度均值为：

$$\mu = \omega_0\mu_0 + \omega_1\mu_1$$

类间方差为：

$$\sigma^2 = \omega_0(\mu_0 - \mu)^2 + \omega_1(\mu_1 - \mu)^2$$

令 t 在 $[0，K]$ 范围内，以步长 1 依次递增，当 σ^2 最大时对应的 t 即为最佳阈值。

（三）自适应覆盖损益特征

基于像元二分模型构建的覆盖比例特征会出现低覆盖区域目标像元与背景像元混合的情况，固定植被覆盖比例获取不够准确科学。为了剔除背景噪声，更准确地提取目标像元，使用 OTSV 进行影像分割，使得比例变成自适应。Huang 等使用 NDVI 检测了植被覆盖的损益状况取得了较好的效果[149]。然而他们仅用了 NDVI，并没有考虑在植被研究中 NDVI 具有过饱和性，由于植被覆盖度可以消除 NDVI 的过饱和性，具有更好的低覆盖植被描述能力，因此本节采用植被覆盖度反映地表植被的覆盖情况。

本节研究植被覆盖变化与城市化的相关性，具有植被和城市覆盖度的区域是研究重点。一般情况下，学者将植被覆盖度分为低覆盖度（<30%）、中低覆盖度（30%~45%）、中覆盖度（45%~60%）、高覆盖度（>60%）[149-150]，该方法缺少对数据源及研究区域的自适应性。为了解决固定等级覆盖度分割不客观问题，提高植被覆盖度区域的提取精度，采用 OTSV 算法划分植被覆盖度和非植被覆盖度像元的分割阈值 T。将覆盖度影像中像元灰度值大于 T 的像元作为纯目标覆盖度像元，其他像元作为背景覆盖度像元剔除。

（四）植被和城市覆盖损益特征构建

植被和城市覆盖度特征由总体特征、损益特征构成。覆盖度总体特征即为由植被高覆盖度像元和城市高覆盖度像元构成的高覆盖度影像。损益特征则为相邻时相高覆盖度影像的差值影像，其中，增益特征差值表现为正值时，表明植被或城市覆盖度增加；损失特征差值表现为负值时，表明植被或城市覆盖度降低。

植被覆盖度损益特征 FVC_{GL} 和城市覆盖度 FBC_{GL} 损益特征的计算公式如下：

$$FVC_{GL}^{H}=FVC_{t}^{H}-FVC_{t-1}^{H}$$

$$FBC_{GL}^{H}=FBC_{t}^{H}-FBC_{t-1}^{H}$$

其中，FVC_t^H 为时相 t 的植被高覆盖度影像，FBC_t^H 为时相 t 的城市高覆盖度影像。

由于本节旨在研究城市化与植被覆盖变化的相关性，且我国处于经济稳定且高速发展的城市化过程，因此重点研究城市覆盖度增益特征。同时，植被的增益特征和损失特征为对立关系，鉴于城市化下植被损失概率大于增益概率，重点研究植被覆盖度的损失特征。

二、实验与分析

（一）自适应覆盖特征精度评价

1. 植被覆盖度提取精度分析

一般情况下，学者将植被覆盖度进行分级研究，将低覆盖度（<30%）定义为建筑用地或裸地[150]。本节中，为了剔除该区域受植被像元值溢出的影响，提高了植被覆盖度区域的提取精度。在植被覆盖度基础之上，采用 OTSV 算法确定划分植被覆盖度和非植被覆盖度像元的分割阈值 T。为比较分析本章方法与植被覆盖度的提取精度，选择 2019 年的 3 个城市进行对比分析。随机选取 2464 个样本点，采用混淆矩阵计算获得植被提取精度，本章方法提取精度的 kappa 系数均在 0.84 以上，具有较高的适用性。具体参数如表 4-2-1 所示，其中方法 1 为本节提出的方法，方法 2 为传统植被覆盖提取方法。

表 4-2-1　植被高覆盖度提取精度统计

	方法 1	方法 2
用户精度	0.93	0.86
生产精度	0.50	0.50
总体精度	0.93	0.86
kappa	0.86	0.72

2. 城市覆盖度提取精度分析

为了验证城市高覆盖提取精度，与阈值法作对比，结果显示本节使用的方法优于阈值法，如表 4-2-2 所示。

表 4-2-2　城市高覆盖度提取精度统计

	城市覆盖法	阈值法
用户精度	0.76	0.72
生产精度	1.02	0.98
总体精度	0.93	0.90
kappa	0.81	0.75

传统的阈值法仅通过选择阈值进行城市区域提取，存在较强主观性，导致提取结果因研究区不同出现差异的问题[151]，而本节中的城市覆盖度法具有自适应分割建成区和非建成区的功能。选取 DN=40 作为城市识别阈值的阈值法与城市覆盖法相比，由于夜光数据出现溢出现象，阈值法不能较准确地提取城市范围，而本节的方法则具有较好的效果。

（二）植被与城市的覆盖度损益特征分析

1. 植被覆盖损益特征分析

基于植被覆盖度估算，进一步获得植被损益分布特征，本节利用相邻时相植被覆盖图，合成得到各市植被覆盖损益图。沈阳、武汉和广州整体植被覆盖状况较好。但沈阳的植被覆盖度变化波动较大，最大变化幅度达 20%，沈阳、武汉和广州的无植被区域集中分布在市区位置，植被与非植被界线分布显著，植被损失和植被增益的分布变化大。苏州植被覆盖度则变化差异较小，城市与植被界线模糊，彼此相融，植被损益分布相对破碎化。总体上看，兰州市植被覆盖整体较差，平均植被覆盖度维持在 33% 左右，受地形影响呈南北方向分布差异明显，植被整体集中分布在研究区南侧河谷地区，北侧多为沙质山地，水土流失严重，无植被覆盖。

根据近 20 年来植被损失与植被增益面积的变化，我们计算了植被损失率与植被增益率，即植被损失面积或植被增益面积与研究区域内面积的比值。5 个城市有个共同点，就是在 2011—2015 年植被增益量大于植被损失量。在 2011 年之前，除兰州市外，其余城市植被变化均已植被损失为主。由各时间段来看，沈阳早期植被损益变化差异显著，2000—2004 年植被覆盖损失 49.34%，表明期间出现大面积植被丰度下降情况，在 2004—2008 年又呈现植被增益为主的局势，后期 2011 年后，植被变化主要呈植被覆盖度增加的趋势。苏州在 2000—2004 年和 2008—2015 年植被变化差异大。兰州除 2008—2011 年出现植被损失量大于植被增益量的情况，其余时间变化规律与之相反。武汉和广州这两个发达城市总体可总结为早期呈现植被破坏，后期植被恢复的局面。

2. 城市覆盖损益特征分析

根据城市覆盖度提取结果可以发现，2000—2019 年研究区各地级市城市用地面积处于不断增长中。苏州和广州的城市用地占比最大，且增长幅度也最大；兰州的城市用地增长较为缓慢，2011 年后基本保持稳定；武汉呈匀速增长态势。这些城市在 2011 年后城市用地面积增长趋缓，这说明该地区的城市化进程得到了一定的调整。

建成区损益是指夜光影像像元 DN 值出现了降低或上升。纵观五个城市的城市覆盖损益，2011 年之前，虽有少量区域出现城市覆盖度损失的情况，但远小于城市覆盖度增益区域。由于城市覆盖度增益、城市覆盖度损失和无变化区域都属于城市建设用地，城市整体表现为迅速扩张。2011 年后，城市外围保持城市增益状态，即城市扩张；随着城市化水平的提高，城市内出现损失区域向城市中心延伸趋势，面积扩大，且愈加分散。

五个城市在 2000—2011 年城市损失量小于城市增益量，2011—2019 年与之相异。早期城市扩张主要表现为城市覆盖增益，城市覆盖损失占比较小，甚至在苏州和武汉出现了 0%；后期的城市扩张则表现为城市外围的城市覆盖增益比率降低，城市覆盖损失比率增大，城市化进程趋缓。

（三）植被与城市的覆盖度损益特征相关性分析

采用皮尔逊系数计算植被变化与城市化的覆盖度特征的相关性。皮尔逊系数由卡尔·皮尔逊（Karl Pearson）提出，用于度量两个变量 X 和 Y 之间的相关程度（线性相关），其值介于 -1～1 之间。在自然科学领域中，该系数广泛用于度量两个变量之间的线性相关程度[152]，公式如下所示：

$$r = \frac{\sum\limits_{t=1}^{n}(X_t - \overline{X})(Y_t - \overline{Y})}{\sqrt{\sum\limits_{t=1}^{n}(X_t - \overline{X})^2}\sqrt{\sum\limits_{t=1}^{n}(Y_t - \overline{Y})^2}}$$

其中，(X_t, Y_t) 为样本点，$\overline{X}$ 和 $\overline{Y}$ 分别为变量均值。

一般情况下，皮尔逊系数 r 值范围在（-1，1）间，不同的值代表了不同的相关程度，具体如下：|r| ≥ 0.8，为高度相关；0.5 ≤ |r| < 0.8，为中度相关；0.3 ≤ |r| < 0.5，为低度相关；|r| < 0.3 时，为非线性相关。

覆盖度总体特征相关性为植被和城市覆盖度总体特征之间的相关性 X_t，为时相 t 的城市覆盖度影像灰度值之和，Y_t 为时相 t 的植被覆盖度影像灰度值之和。总体特征为解释覆盖度特征相关性的必选特征。

覆盖度损益特征相关性的类型为城市增益特征与植被损失特征的相关性 X_t 为时相 t 与时相 t-1 城市覆盖度增益特征影像像元灰度值之和，Y_t 为时相 t 与时相 t-1 植被覆盖度损失特征影像像元灰度值之和。

表 4-2-3　植被覆盖变化和城市化的覆盖度特征相关性

编号	城市	植被	正相关	负相关	非相关
1	总体	总体	城市化促进植被覆盖增加	城市化导致植被覆盖减少	无关联
2	益	损	城市覆盖度增量增加（减少）导致植被覆盖度减量增加（减少）	城市覆盖度增量增加（减少）导致植被覆盖度减量减少（增加）	无关联

植被覆盖变化与城市化的覆盖度特征相关性分析内涵如表 4-2-3 所示。在总体特征层次上，仅广州市表现出较强的负相关性（r=-0.6620），其余城市植被覆盖度与城市覆盖度的总体特征无相关性。在损益特征层次上，沈阳市和武汉市的城市覆盖增益特征与植被覆盖损失特征存在强负相关（r=-0.8555，r=-0.3932），苏州市、兰州市和广州市的城市覆盖增益特征与植被覆盖损失特征存在正相关（r=0.4879，r=0.8038，r=0.4437），但苏州市与广州市呈现为中等相关。这表明沈阳和武汉的城市覆盖度增量增加导致植被覆盖度减量减少，而苏州市、兰州市和

广州市则为城市覆盖度增量增加导致植被覆盖度减量增加。外围城市增益区域的增长助增或减缓植被损失区域，直观表达为建设用地扩张导致城市边缘植被覆盖度的降低或上升。这种现象反映出城市化与植被之间的关系在不同地区变化多样。

第三节　采用标准差椭圆的城市植被空间分布特征提取及分析

利用标准差椭圆法分析夜间遥感数据，能够提取城市规模在空间上的集中程度和方向变化趋势、经济空间格局时间变化特征[153]，该方法通常用于通过汇总特征的分散性和方向性来勾勒出相关特征的地理分布趋势。当前的空间分布特征分析方法较多地应用于社会经济领域，而较少对植被覆盖变化和城市化相关性分析。因此，应用标准差椭圆法实现植被覆盖变化与城市化的空间分布相关性分析，能够极大地增强二者空间分布相关性的表达深度。本节的研究基于本书第四章第二节中研究的覆盖度特征对植被和城市的空间分布特征进行构建，分别对植被覆盖变化和城市化的空间分布特征相关性进行分析研究。

一、采用标准差椭圆的城市植被空间分布特征构建

（一）标准差椭圆

为了展示要素各向异性的离散程度，更精确地揭示地理要素空间分布在各个方向上的离散度，研究其集散和方向变化趋势，本节使用标准差椭圆方法构建植被和城市的空间分布特征。标准差椭圆（Standard Deviational Ellipse，SDE）方法通过以中心、长轴、短轴、方位角为基本参数的空间分布椭圆，如图 4-3-1 所示，定量描述研究对象的空间分布整体特征[154]。具体来说，空间分布椭圆以地理要素空间分布的平均中心为中心，分别计算其在 X 方向和 Y 方向上的标准差，以此定义包含要素分布的椭圆的轴。

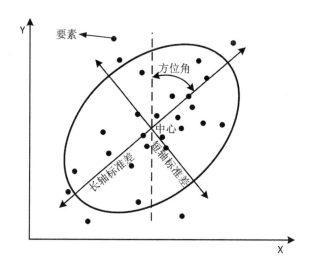

图 4-3-1 标准差椭圆法基本参数图

SDE 方法基于研究对象的空间区位和空间结构，可从全局的、空间的角度定量解释地理要素空间分布的特征[155]。椭圆空间分布范围表示地理要素空间分布的主体区域，其中，中心表示地理要素在二维空间上分布的相对位置，方位角反映其分布的主趋势方向（即正北方向顺时针旋转到椭圆长轴的角度），长轴表征地理要素在主趋势方向上的离散程度。SDE 主要参数的计算公式如下，标准差椭圆的加权平均中心 $\left(\overline{X}_\omega, \overline{Y}_\omega \right)$ 为：

$$\overline{X}_\omega = \frac{\sum_{i=1}^{n} \omega_i x_i}{\sum_{i=1}^{n} \omega_i} \ , \quad \overline{Y}_\omega = \frac{\sum_{i=1}^{n} \omega_i y_i}{\sum_{i=1}^{n} \omega_i}$$

其中，(x_i, y_i) 为研究对象的空间区位，w_i 表示权重，n 为研究对象的数量。方位角 θ 的计算公式为：

$$\tan\theta = \frac{\left(\sum_{i=1}^{n}\omega_i^2\tilde{x}_i^2 - \sum_{i=1}^{n}\omega_i^2\tilde{y}_i^2\right) + \sqrt{\left(\sum_{i=1}^{n}\omega_i^2\tilde{x}_i^2 - \sum_{i=1}^{n}\omega_i^2\tilde{y}_i^2\right)^2 + 4\sum_{i=1}^{n}\omega_i^2\tilde{x}_i^2\tilde{y}_i^2}}{2\sum_{i=1}^{n}\omega_i^2\tilde{x}_i^2\tilde{y}_i^2}$$

其中，$\tilde{x}_i$ 和 $\tilde{y}_i$ 分别为研究对象区位到平均中心的坐标偏差。x 轴标准差 σ_x 和 y 轴标准差 σ_y 分别为：

$$\sigma_x = \sqrt{\frac{\sum_{i=1}^{n}\left(\omega_i\tilde{x}_i\cos\theta - \omega_i\tilde{y}_i\sin\theta\right)^2}{\sum_{i=1}^{n}\omega_i^2}}$$

$$\sigma_y = \sqrt{\frac{\sum_{i=1}^{n}\left(\omega_i\tilde{x}_i\sin\theta - \omega_i\tilde{y}_i\cos\theta\right)^2}{\sum_{i=1}^{n}\omega_i^2}}$$

（二）植被和城市标准差椭圆

本节中涉及的标准差椭圆主要分为两大类，分别为植被标准差椭圆和城市标准差椭圆。

植被标准差椭圆根据植被覆盖的整体特征、损失特征和增益特征分别构建植被覆盖整体椭圆、植被覆盖损失椭圆和植被覆盖增益椭圆。通过计算植被的覆盖度总体影像的标准差椭圆，获得总体空间分布特征；计算植被覆盖度损失特征影像和植被覆盖度增益特征影像的标准差椭圆，获得二者的损益空间分布特征；分别计算各标准差椭圆的重心，研究其方向变化走势。

城市标准差椭圆根据城市覆盖的整体特征、损失特征和增益特征分别构建城市覆盖整体椭圆、城市覆盖损失椭圆和城市覆盖增益椭圆。通过计算城市的覆盖度总体影像的标准差椭圆，获得总体空间分布特征；计算城市覆盖度损失特征影像和城市覆盖度增益特征影像的标准差椭圆，获得二者的损益空间分布特征；分别计算各标准差椭圆的重心，研究其方向变化走势。

标准差椭圆的面积变化大小和重心移动距离能够分析城市各覆盖度特征在空间上的集散和方向变化趋势。因此，用标准差椭圆面积变化和重心移动距离定义集散和方向指标，对空间分布特征可以进一步细化。

二、实验与分析

（一）植被与城市的空间变化特征分析

标准差椭圆的中心可视为植被要素在空间上分布的重心。重心迁移轨迹能够反映某一要素在空间演变过程中的时空聚集和迁移特征。沈阳植被重心自2000年起总体向西北移动，建成区重心总体向西南移动；苏州植被重心总体向西移动，建成区重心总体向西南移动；兰州植被重心总体向西北移动，建成区重心总体也向西北移动。武汉植被重心总体向西移动，建成区重心总体向东北移动。广州植被重心总体向东南移动，建成区重心总体向北移动。纵观五个城市植被与城市的动态发展轨迹，发现沈阳、苏州和兰州植被与城市的整体迁移方向大致相同，而武汉和广州则方向相异。

为了度量植被和城市在空间分布的特征，这里将从标准差椭圆的各个参数进行分析，其中，重点将放在面积变化和重心移动这两个方面。沈阳植被标准差椭圆空间分布格局呈现由东向西，由南向北的演化特征，即"东南—西北"的格局。以研究时间的起始来看呈现空间收缩的趋势；重心移动距离在2004—2008年达到最大值5.66km后减小，表明植被变化逐渐变小；方位角变小，标准差椭圆长轴的长度逐渐减缓，表明在东西方向上有消极因素遏制植被的生长发展。城市标准差椭圆变化显示沈阳的城市为"西北—东南"的分布格局，城市标准差椭圆面积由2000年的2299.38km²增加到2019年的2496.91km²，呈现空间扩张的趋势；后期重心移动距离缩小，其原因主要是城市建设用地扩张趋缓；方位角增大，表明沈阳市城市发展方向在东西轴向上，主要的促进因素也在同一方向。其余各市详细情况如表4-3-1和表4-3-2所示。

植被与建成区损益标准差椭圆重心迁移轨迹。比较四个重心迁移轨迹，发现植被损失重心和建成区增益重心迁移方向表现一致性，植被增益重心和建成区损失重心迁移方向相同。兰州受地域狭长影响，植被损益重心变化的方向性不显著，主要在"东南—西北"方向上变化。

表 4-3-1　植被标准差椭圆参数

城市	年份	面积（km²）	重心坐标		方位角	重心移动距离（km）	重心移动方向	空间变化
			经度	纬度				
沈阳	2000	2827.15	123.37	41.74	72.34°	4.67 5.66 2.88 5.54 4.03	西 西南 东 东北 北	扩张 收缩 扩张 收缩 收缩
	2004	3071.15	123.31	41.75	71.97°			
	2008	2415.72	123.25	41.73	68.61°			
	2011	2790.42	123.28	41.72	70.09°			
	2015	2160.96	123.33	41.76	72.16°			
	2019	1671.91	123.33	41.79	64.55°			
苏州	2000	1790.70	120.60	31.21	31.84	6.87 3.84 1.50 7.13 2.74	西南 北 东 西北 东	扩张 扩张 扩张 扩张 收缩
	2004	1900.83	120.56	31.16	52.40°			
	2008	1942.33	120.56	31.19	47.95°			
	2011	2139.18	120.58	31.20	60.27°			
	2015	2462.98	120.50	31.21	77.35°			
	2019	2368.78	120.53	31.21	57.95°			
兰州	2000	1141.50	103.57	36.09	111.92°	133 5.61 3.94 6.48 17.51	西北 东 西南 东 西北	扩张 扩张 收缩 扩张 收缩
	2004	1253.20	103.45	36.17	111.10°			
	2008	1327.77	103.52	36.16	106.26°			
	2011	1147.88	103.49	36.13	113.37°			
	2015	1343.70	103.56	36.12	112.04°			
	2019	988.11	103.40	36.20	108.57°			

续表

城市	年份	面积（km²）	重心坐标		方位角	重心移动距离（km）	重心移动方向	空间变化
			经度	纬度				
武汉	2000	2636.72	114.35	30.56	48.62°			
	2004	2924.10	114.34	30.62	37.19°	6.74	北	扩张
	2008	4253.22	114.24	30.61	51.63°	10.0	西	扩张
	2011	2832.98	114.25	30.53	57.31°	8.61	南	收缩
	2015	2543.29	114.30	30.56	54.58°	5.07	东北	收缩
	2019	2319.51	114.28	30.55	60.76°	1.99	西南	收缩
广州	2000	3325.27	113.38	23.17	157.93°			
	2004	2965.53	113.37	23.15	151.22°	2.62	西南	扩张
	2008	3328.28	113.39	23.15	155.27°	1.63	东	扩张
	2011	3142.15	113.40	23.15	151.08°	1.01	东	收缩
	2015	3098.40	113.39	23.16	156.90°	1.03	西南	收缩
	2019	3083.59	113.40	23.14	157.12°	2.67	西北	收缩

表 4-3-2 城市标准差椭圆参数

城市	年份	面积（km²）	重心坐标		方位角	重心移动距离（km）	重心移动方向	空间变化
			经度	纬度				
沈阳	2000	2299.38	123.42	41.79	68.37°			
	2004	525.90	123.54	41.91	81.89°	17.33	东北	收缩
	2008	1821.24	123.36	41.80	64.54°	19.38	西南	扩张
	2011	1354.07	123.23	41.75	60.44°	12.17	西南	收缩
	2015	2517.97	123.36	41.80	69.28°	11.75	东北	扩张
	2019	2496.91	123.32	41.75	71.88°	6.00	西南	收缩

城市	年份	面积（km²）	重心坐标		方位角	重心移动距离（km）	重心移动方向	空间变化
			经度	纬度				
苏州	2000	233.35	120.61	31.26	151.12°	14.48 18.00 4.73 10.62 4.16	南 西南北 北 西	扩张 收缩 扩张 扩张 收缩
	2004	1966.09	120.64	31.13	7.12°			
	2008	1275.06	120.54	30.99	47.46°			
	2011	1856.03	120.53	31.03	47.65°			
	2015	2537.81	120.50	31.12	38.33°			
	2019	2250.57	120.46	31.11	66.32°			
兰州	2000	128.78	103.73	36.09	104.19°	2.42 42.21 16.08 5.28 6.00	东 西北 东西南 西北	扩张 扩张 扩张 扩张 扩张
	2004	186.35	103.75	36.09	104.43°			
	2008	533.61	103.31	36.20	106.25°			
	2011	571.75	103.48	36.17	106.07°			
	2015	1279.91	103.4	36.15	108.98°			
	2019	1394.42	103.37	36.18	110.70°			
武汉	2000	52.21	114.28	30.58	62.10°	4.18 4.04 22.75 21.81 13.02	西北 北 东北 西北 北	扩张 扩张 收缩 扩张 扩张
	2004	118.73	114.26	30.61	164.73°			
	2008	1474.22	114.26	30.64	58.82°			
	2011	1421.35	114.46	30.75	75.97°			
	2015	3979.24	114.37	30.60	48.18°			
	2019	4334.17	114.33	30.71	31.48°			
广州	2000	3309.33	113.51	23.14	7.83°	7.61 5.26 12.04 20.88 2.9	南 东北 北 北 西北	扩张 扩张 收缩 扩张 收缩
	2004	4722.07	113.52	23.08	3.27°			
	2008	5354.79	113.55	23.11	176.11°			
	2011	5330.78	113.51	23.21	127.96°			
	2015	6089.70	113.53	23.40	13.82°			
	2019	5824.49	113.50	23.41	57.95°			

（二）植被与城市的空间分布特征相关性分析

依旧采用皮尔逊系数探究植被变化与城市化的空间分布特征的相关性，具体公式讲解请参见本书第四章第二节第二点，此处不再赘述。植被覆盖变化和城市化的空间分布特征相关性包括总体空间分布特征相关性、损益空间分布特征相关性。植被覆盖变化和城市化的空间分布特征相关性的内涵如表 4-3-3 所示。

表 4-3-3 植被覆盖变化和城市化的空间分布特征相关性

编号	指标	城市	植被	正相关	负相关	非相关
1	方向	总体	总体	城市覆盖空间方向变更导致植被覆盖空间方向变更	城市覆盖空间方向变更迟滞植被覆盖空间方向变更	无关联
2		益	损	城市覆盖增量空间方向变更导致植被覆盖减量空间方向变更	城市覆盖增量空间方向变更迟滞植被覆盖减量空间方向变更	无关联

总体空间分布特征相关性为方向指标，包括方向指标下 X_t 为时相 t 与时相 $t-1$ 城市覆盖度总体特征标准差椭圆的移动距离，Y_t 为时相 t 与时相 $t-1$ 植被覆盖度总体特征标准差椭圆的移动距离。总体特征为解释总体空间分布特征相关性的必选特征。

损益空间分布特征相关性为方向指标，包括方向指标下 X_t 为时相 t 与时相 $t-1$ 城市增益特征的标准差椭圆重心移动距离，Y_t 为时相 t 与时相 $t-1$ 植被损失特征的标准差椭圆重心移动距离。

如表 4-3-4 所示，由植被与城市标准差椭圆集散统计数据发现，城市均为空间扩张趋势，这与现实中城市扩张相吻合，而植被的空间变化多样。沈阳市和武汉市的植被空间变化均呈收缩态势，与城市变化相反；苏州市的植被与城市空间变化相同；兰州市与广州市则整体空间变化相异，损益变化相同。

表 4-3-4　植被与城市标准差椭圆集散统计

城市	变化类型	年份	植被面积（km2）	空间变化	城市面积（km2）	空间变化
沈阳	整体 损失 增益	2000	2827.15	收缩 收缩 收缩	2299.38	扩张 扩张 扩张
		2019	1671.91		2496.91	
		2000-2004	3793.59		918.89	
		2015-2019	3409.01		1554.41	
		2000-2004	3730.05		725.51	
		2015-2019	3250.55		1458.81	
苏州	整体 损失 增益	2000	1790.70	扩张 扩张 扩张	233.35	扩张 扩张 扩张
		2019	2368.78		2250.57	
		2000-2004	1862.82		0.00	
		2015-2019	2068.00		1757.95	
		2000-2004	1887.72		1965.13	
		2015-2019	2031.95		1998.13	
兰州	整体 损失 增益	2000	1141.50	收缩 扩张 扩张	128.78	扩张 扩张 扩张
		2019	988.11		1394.42	
		2000-2004	1264.31		192.33	
		2015-2019	1335.45		725.51	
		2000-2004	1298.75		176.48	
		2015-2019	1332.82		746.75	
武汉	整体 损失 增益	2000	2636.71	收缩 收缩 收缩	52.21	扩张 扩张 扩张
		2019	2319.50		4334.17	
		2000-2004	5364.62		0.00	
		2015-2019	5230.75		1763.39	
		2000-2004	5239.52		118.82	
		2015-2019	5142.50		2657.35	

城市	变化类型	年份	植被面积（km2）	空间变化	城市面积（km2）	空间变化
广州	整体 损失 增益	2000	3325.27	收缩 扩张 扩张	3309.33	扩张 扩张 扩张
		2004	3083.59		5824.48	
		2008	4277.35		2.62	
		2011	4428.73		3497.38	
		2015	4402.93		2954.10	
		2019	4519.03		3548.07	

植被覆盖变化与城市化的空间分布特征相关性分析具体在总体空间分布特征方面，空间方向性存在相关性，沈阳、苏州表现为正相关，兰州、武汉和广州表现为负相关；在损益空间分布特征层次上，沈阳市城市增益重心与植被损失重心呈负相关（r=-0.4553），表明该市城市化与植被损失的空间分布态势相反；苏州市、武汉市和广州市的城市增益重心与植被损失重心为正相关（r=0.8074，r=0.8883，r=0.7915），表明城市与植被损失的空间分布态势相同；兰州市城市增益重心与植被损失重心无显著相关性（r=-0.0545），表明该市城市与植被的空间分布态势无显著态势，地理因素可能是导致两者的中心位移差异并不显著。

综上所述，在总体特征层面上，空间分布特征能够描述城市化与植被损失的相关性，而覆盖度特征无法得到有效的结果。在损益特征层面上，对于地理环境较好的城市，覆盖度特征和空间特征表现出一致性，即两者说明同一事实。沈阳的城市化与植被损失具有负相关，而广州、苏州和武汉具有正相关。对于兰州市，覆盖特征表明城市化与植被损失具有正相关，但空间分布特征并无显著相关性。而作为地理环境较好且高城市化的武汉市，则在覆盖度特征与空间分布特征表现出相异性。因此，多维特征通过不同的角度揭示了五个城市的城市化与植被覆盖变化的特点。

第四节　基于社区拓扑结构的植被群落提取及稳定性分析

生态网络作为复杂网络科学中的一个分支，在生态学中有着不可撼动的地位。它是一个生态整体，包含了生态资源斑块和生态廊道。生态资源斑块是真实存在于地理上的，而生态节点和生态廊道并不一定可见，本节仅通过此方法建立点与线的生态网络，分析社区结构拓扑特征，研究其连接特性和稳定性，以提高其生态功能。将多种制约生态网络发展的因素以及建成区覆盖度纳入构建生态阻力面，增大了阻力面关于建成区层次的准确度，进而整合生态源地斑块，构建生态网络。

虽然学者对于生态网络的研究较多，却鲜少对生态网络的社区结构拓扑特征进行深入研究。本节基于社区拓扑结构的植被群落研究突破了以往生态网络仅对节点的度、平均路径长度、聚类系数等的研究范畴。社区检测可将网络中属于不同社区的稀疏连接的节点划分为密集连接的节点的社区，从而有助于揭示节点的层次结构和功能。

一、基于 Louvain 的模块最优的社区结构识别算法

社区结构的相关理论在本书的第二章第一节第三点部分进行了详细阐述，它的结构特征是固定的。模块度作为评价社区结构的指标，为社区内部与社区之间的连接强度提供了精确的度量评定，其详细理论在本书第二章第二节第三点部分。因为 Louvain 的模块度最优化算法具有快速收敛性、高度模块化和分层划分等优点，所以在多个应用领域得到了广泛的应用。在本节采用此算法识别社区结构，其详细过程在本书第三章第二节第一点部分进行了阐述。

二、生态网络拓扑结构下的植被群落提取及稳定性分析

（一）生态网络构建

1. 生态原地提取

异质景观可以分为"源"和"汇"，其中，能为生物提供栖息地和服务，并且有利于生物向外发展、优化生态环境、具备景观连续性与完整性的斑块被称为"源"。"汇"与之相反，那些不利于生物栖息发展，对生态环境具有破坏性的斑块则称为"汇"。本研究的重点是"源"，以生态源地的内涵作为基准点，选取具有重要生态意义的林地景观类型斑块作为生态源地，主要以本书第四章第二节中提取的植被覆盖度为主数据，结合土地覆盖数据，叠加分析获取植被高覆盖区域，即林地区域，然后，根据各斑块面积大小筛选符合条件的斑块作为生态源地。

2. 生态累积阻力面构建

生态斑块间的流动需要自源地斑块流向目标斑块克服多种因素影响下的阻力去实现[156]。本研究根据研究区生态环境特征，选取了植被覆盖度、建成区覆盖度、土地覆盖、地形、坡度和年均降水量等因子评价研究区各空间位置的阻力大小。各因子如表 4-4-1 所示的评价体系设置阻力值，分别对各阻力因子的栅格数据进行分级别阻力值赋值，然后对所有的新赋值后的栅格影像进行叠加计算，得出一幅总的生态累积阻力成本栅格。该成本栅格将作为阻力背景，对生态廊道进行提取。

本节的生态廊道是根据最小成本路径法构建的，由生态累积阻力成本栅格作为背景像元值，从源地向目标源地出发，寻找经过所需最小的阻力像元后连接成线，即耗费成本最低路径，此路径即为生态廊道。该方法最早由 Kaaapen 于 1992 年提出[157]，后经多位学者修改完善后得到广泛应用，如土地适宜性评价[158]、城市道路交通分析[159]、居民出行研究[160]以及城市绿地系统规划[161]等，公式如下：

$$MCR = f_{\min} \sum_{j=n}^{i=m} (D_{ij} \times R_i)$$

其中，MCR 被称为最小累积阻力值，D_{ij} 表示物种从源 j 到目标源 i 的空间距离；R_i 表示源 i 对某物种运动的阻力系数。

根据现实情况，从植被覆盖度、建成区覆盖度、土地覆盖、地形、坡度、年均降水量六方面建立生态阻力的评价体系。如表 4-4-1 所示，根据不同因子的分级标准，将各项生态阻力划分为 5 个等级，此处采用张启斌的评价体系，分别用 1、3、5、7、9 的值来表示阻力程度[162]，另外考虑到不同的因子对生态环境的影响程度不同，因此分别对影响因子赋予不同的权重，对应植被覆盖度、建成区覆盖度、土地覆盖、地形、坡度、年均降水量，权重分别为 0.2、0.2、0.2、0.1、0.1、0.2。

表 4-4-1　各生态因子阻力值

因子	分级标准	阻力值
植被覆盖度	[0，0.3）	1
	[0.3，0.5）	3
	[0.5，0.6）	5
	[0.6，0.7）	7
	[0.7，1]	9
建成区覆盖度	[0，10）	1
	[10，20）	3
	[20，35）	5
	[35，45）	7
	[45，50]	9
土地覆盖	水	1
	林草地	3
	耕地	5
	建筑用地	7
	裸地	9

因子	分级标准	阻力值
地形	[-300，500)	1
	[500，1000)	3
	[1000，2000)	5
	[2000，3000)	7
	[3000，4100]	9
坡度	[0，2)	1
	[2，5)	3
	[5，10)	5
	[10，25)	7
	[25，90]	9
年均降水量	[30，60)	9
	[60，100)	7
	[100，140)	5
	[140，180)	3
	[180，220]	1

3. 生态廊道提取

生态廊道在生态源地斑块间发挥着重要的连通作用，负责斑块间的信息流动，主要以线状或带状的形式存在[163]。生态廊道被称为最优路径，即在生态源地斑块信息流动的过程中，都是从某一起始生态源地出发，经过生态累积阻力到达另一目标生态源地，通过的路径在流动中会产生无数种可能，而在通过阻力面时，众多路径中耗费成本最小的就是生态廊道[164]。

4. 生态网络构建

生态网络是表示生物相互作用在一个生态系统中的网络，其中，节点通过成对相互作用连接，这些相互作用可以是共生性的。生态网络用于描述和比较实际生态系统的结构，而网络模型则用于调查网络结构对诸如生态系统稳定性等特性的影响。生态网络构建主要是通过前面提取生态源地和生态廊道分别作为点和线，将这些作为生态网络的基础构架，在研究区构建成"点—线—面"相互交织的生态网络。研究生态网络中生态斑块间的连接可有效地保护生态环境及其生物多样性。

（二）植被群落构建

1. 植被群落提取

目前，复杂网络已经被广泛地应用在现实世界中，生态网络作为复杂网络学科的分支一直是生态研究领域中的研究热点，但是传统的生态网络一直注重度和度的分布、平均路径长度、聚类系数等的研究，缺少对生态网络局部社区的深入研究。尽管目前存在大量的基于复杂网络的社区结构研究，但应用在社交网络、互联网、生物学和物理学等领域，缺乏空间位置信息，且很少会利用社区结构拓扑特征去研究植被群落的稳定性，并将社区结构拓扑特征落实到地理分布上。

社区结构作为复杂网络的重要结构特征，是研究网络的基础和现实实体联系的必要参数，有利于对网络的演化以及对网络中存在的规律进行客观的研究等。然而，在复杂网络中，最优的社区划分一直是个难题。

模块化度量是最常用和最著名的量化图中群落结构的函数之一。从经验的角度来看，高模块化值通常表示良好的分区质量。用于模块化最大化的技术可以分为四大类，包括贪婪、模拟退火、极值和谱优化。贪婪优化采用不同的方法将顶点合并到社区中，以实现更高的模块化，从而生成高质量的社区。模拟退火采用概率算法对模块化进行全局优化。极值优化是一种启发式搜索算法。谱优化利用特殊矩阵的特征值和特征向量进行模块化优化。当这些方法应用于包含许多社区的大型图时，通常会导致较差的结果。但是本节的研究区较小，社区较少，贪婪优化下的 Louvain 算法在效率和效果上更优。因此，主要使用 Louvain 的社区结构识别算法检测提取出植被的社区结构，也即植被群落。

2. 植被群落稳定性分析

社区结构拓扑特征最终落实到地理空间分布上，由于其社区内部联通性高，主要表现为生态斑块的集聚形成植被群落。社区的稳定演化分析的研究内容，主要是在年际时间序列下研究区的群落变化情况，研究其内部组织结构、运行变化的规律以及此现象形成的原因。植被社区的发展形式主要由社区形成、社区生长、社区缩减、社区合并、社区分裂和社区消亡等组成[165]。本节根据最优模块度下的植被群落，附加空间属性信息后，对其空间位置和社区类别进行分析。

三、实验与分析

（一）植被源地提取

基于 Landsat 与 Sentinel 影像，利用监督分类分别获得研究区的 2000 年、2011 年和 2019 年的土地覆盖分类数据，并选取草地和灌木林地等土地覆盖类型作为生态斑块。通过研究区内土地覆盖和植被覆盖数据相叠加，合并提取出生态源地斑块。由于提取出众多斑块，为了确定斑块是否为生态源地，将斑块面积值纳入筛选条件，将数值大于 1km^2 的生态斑块选为生态源地。

在最终确定的生态源地结果中，沈阳植被用地斑块共 371 个，其中，2000 年为 94 个，2011 年为 105 个，2019 年为 172 个，林草地斑块更加破碎，但是数量与面积在增长，各年份植被用地斑块面积占研究区面积的比例分别为 6.45%、7.30%、24.22%，林草地主要分布在研究区西部及东南部山区地带。苏州植被用地斑块共 221 个，其中，2000 年为 80 个，2011 年为 65 个，2019 年为 76 个，斑块数量变化波动较小，各年份植被用地斑块面积占研究区面积的比例分别为 3.83%、3.13%、3.69%，林草地主要分布在研究区中西部地带。兰州植被用地斑块共 130 个，其中，2000 年为 18 个，2011 年为 33 个，2019 年为 79 个，植被斑块数量与面积在增长，各年份植被用地斑块面积占研究区面积的比例分别为 2.33%、4.34%、7.40%，林草地主要分布在研究区西部及东部地带。武汉植被用地斑块共 238 个，各研究年份斑块数量分别为 28、93、117，占研究区面积的比例分别为 1.42%、3.72%、3.72%，斑块数量与面积均增长，斑块更加破碎化。广州植被用地斑块共 227 个，各研究年份斑块数量分别为 68、63、96，占研究区面积的比例分别为 15.99%、18.57%、16.47%，2000—2011 年斑块数量减少，斑块面积增加，斑块逐渐增大；至 2019 年，斑块增长迅猛，但面积有所下降。各市在研究期间均呈现斑块破碎化的现象，且生态源地斑块数量与面积的变化均会带动整个城市的植被覆盖变化，正所谓牵一发而动全身，保护生态源地的重要性不言而喻。

在生态源地斑块中，沈阳 2000 年面积大于 100km² 的只有 1 块源地，2011 年，100km² 到 500km² 的斑块有 2 块，在 2019 年，生态源地的达到 500km² 以上的有 2 块，生态源地面积大于 100km² 且小于 500km² 的有 7 块，而面积介于 1km² 到 100km² 的则有大量的斑块，再加上研究期间板块数量的增加，由此可见，沈阳逐渐形成了以小区域斑块为主要发展对象，量变引发质变，促进大面积生境的形成。苏州的生态源地斑块面积大于 20km²，2000 年有 5 个，2011 年有 4 个，2019 年有 6 个，大于 100 km² 的大面积斑块只有 1 块，与斑块数量变化相似，出现小范围浮动，整体格局较为稳定。兰州的生态源地斑块面积大于 20km²，2000 年、2011 年、2019 年三个时相的数据显示均为 4 个，小于 20km² 的斑块增长幅度大，20 年间增加 61 块生态源地，大面积斑块在保持稳定的情况下，向外扩张发展，持续增长。武汉前期生态源地斑块数量和面积增加显著，20km² 以上的斑块增加了 4 块，后期又首次出现了 100km² 大面积生态源地。广州有一块大生态源地在研究期前 10 年变化波动小，后 10 年面积骤减，同时中大型源地出现一块，其余斑块仅在数量上增势显著，整体格局较为平稳。

（二）生态累积阻力面构建

关于生态阻力面的构建中有众多的影响因素会对生态网络造成一定的影响，其中，土地覆盖、植被覆盖、城市覆盖的空间分布对其影响尤为严重。由林草地组成的生态源地为各种生物提供休憩场所和服务，而各生态源地间需要必要的流动，植被覆盖度越高区域这种流动性就越强，但是城市覆盖就会彻底阻断这一现象，所以需要确定各影响因素阻力值的分布。

首先，要确定生态障碍，建设用地作为生境连接的最大障碍，是生态用地扩张的最大的约束因素。其次，如表 4-4-1 所示，在生态阻力评价体系中计算生态阻力面，阻力因子包括植被覆盖度、建成区覆盖度、土地覆盖、地形、坡度和年均降水量。最后，基于 DEM 数据计算各市的坡度数据。基于以上阻力因子，使用 MCR 模型算法，分别计算生成最小累积生态阻力面，水源地表现出的阻力最小，植被源地次之，此现象在苏州尤为显著。由累积阻力面可以看出，城市周围阻力值均较大，形成明显的累积阻力高显区域，早期高阻力区域较为集中，边界显著。随着时间的推移，高阻力区域逐渐破碎化，边界模糊。这主要是因为建筑用地面积基本处于增长缓慢阶段，城市内部植被覆盖的快速增长阻碍了高阻力区域形成集中连片的大斑块，导致高阻力区破碎。

（三）生态廊道与网络

根据植被斑块和累积阻力面，通过最小成本路径对研究区植被源地间的潜在生态廊道进行提取，进而生成一个基本的生态连接关系，再根据距离限制，进一步落实生态斑块间的连接，确定最终的生态连接网络关系。本研究中构建的网络是一个相对简单的无向网络，各研究区网络中所包含的节点和边如表4-4-2所示。

（四）社区结构拓扑特征分析

社区的稳定演化分析的研究内容，主要是在年际时间序列下研究区的群落变化情况，分析其内部组织结构、运行变化的规律以及此现象形成的原因。

沈阳市在 2000 年为 6 个植被群落，在 2011 年逐渐合并为 5 个植被群落，其中，2000 年研究区东南部橙色植被群落、紫色群落和黑色群落在研究期间经历了社区发现、社区生长、社区分裂三个阶段，由 3 个社区分裂为 4 个群落，但是其面积不减反增，前期抚顺市的发展阻断了生态斑块间的流动，但在 2019 年随着城市景观破碎化，阻力值逐年降低，有将东北部群落合并的趋势，说明南北两侧的植被斑块连接性与流动性越来越强，逐渐成为一体，橙色群落在 20 年间的变化一直较为稳定，除在 2019 年向外发展了一小片区域。而东北部在 2000 年为 2 个植被群落，在 2011 年合并为 1 个群落，结构性趋于稳定，但在 2019 年又分裂为 3 个群落（其中 1 个群落是南侧群落的生长部分），生态斑块间流动性降低，生态稳定性减弱。同比 2000 年与 2019 年，节点数量增加，同比增长 82.7%，边数量同比增长 140.6%，植被群落面积同比增长 17.77%，沈阳市生态面积增长迅猛，所有群落的生态都呈增长状态，东南部山区群落数量分别 3、4、4，逐渐趋于稳定，而东北部群落数量为 2、1、3，变化波动较大。

苏州市在 2000 年、2011 年、2019 年分别为 5、4、6 个植被群落，其中，研究区西部绿色的群落在 2000—2011 年处于稳定发展态势，一直为 1 个群落存在，但在 2019 年受到城市化进程影响分裂为 2 个群落。而 2000 年北部蓝色群落却随着苏州市的发展经历了社区发现、社区消亡两个阶段，最终仅剩 1 块生态斑块

（2019年为灰色斑块），不足以构成群落。在2000年中随着时间流逝，黄色群落变化不大；黑色与紫色群落存在群落转换现象，即中心连接节点群落分别在2000年属于上方的群落、2011年属于下方的群落、2019年回归原群落，这与群落间流动性有着不可分割的关系。研究期间，生态节点与节点相连的边逐年减少，下降率分别为-2.5%、-19.2%，植被群落面积较稳定，各年群落数量为5、4、6，群落数量在增长，但是面积无明显变化，说明整个研究区内的群落逐渐破碎化。

兰州市在2000年为4个群落，其中，研究区西部红色和紫色的群落在2000—2019年经历了社区发现、社区生长、社区合并三个阶段，最终成长为2019年图中的红色大面积生态群落；2000年东部蓝色和绿色群落也同样经历了这三个阶段；2011年出现一个新的群落（黑色区域），在到2019年间得到迅速发展，向成熟的阶段发展，促进了大量小面积生境斑块的出现。2000年与2019年相比，节点与边的同比增长分别为370.6%、1143.5%，植被群落面积同比增长5.07%，生态源地斑块和网络连通性一直在增强。研究初期的4个群落均持续生长；在中期有2个群落合并为1个，同时新增2个新群落，共计5个群落，并以5个群落的格局延续至2019年。兰州的群落向外扩张生长能力强，斑块间的连接紧密。

表4-4-2　生态网络社区参数

城市	年份	节点	边	群落数量	模块度
沈阳	2000	93	441	6	0.619
	2011	105	619	5	0.613
	2019	170	1061	7	0.615
苏州	2000	79	323	5	0.662
	2011	64	254	4	0.663
	2019	77	261	6	0.708
兰州	2000	17	23	4	0.487
	2011	35	59	5	0.672
	2019	80	286	5	0.598

城市	年份	节点	边	群落数量	模块度
武汉	2000	28	43	6	0.668
	2011	92	448	6	0.631
	2019	118	618	7	0.547
广州	2000	69	311	4	0.591
	2011	64	237	6	0.582
	2019	96	490	5	0.515

武汉市植被群落数量和面积变化波动小，但群落格局整体稳定。北部红和蓝2个群落最为稳定，2000年至2011年，群落数量未发生变化，临近市区北部的绿色群落消失，在2011年研究区南部出现大面积黄色群落，后在2019年分化为2个群落。同时，在20年间节点与边同比增长321.4%和1337.2%，各植被斑块连接性与流动性越来越强。

广州市植被群落数量和面积变化波动小，但群落格局变化较大。植被群落大部分分布在研究区北部丘陵地带，2000年为4个群落，在2011年北部大面积植被群落逐渐合并，随后北部最大的红色群落在2019年分裂，且橘色群落消亡。在20年间节点与边同比增长39.1%和57.5%，植被斑块连接性与流动性缓慢增长。

（五）社区划分精度分析

模块度作为网络社区划分好坏的一个度量，其范围为 -1~1，值越接近1说明划分精度越高。如表4-4-2所示，其中最小模块度为兰州市2000年的0.487，五市所有时相的模块度均值为0.611，可见划分的准确性较高。

本研究为验证社区划分的准确性，分别对五市2019年的生态网络进行测试划分，以证明本节的模块化为最优策略。模块化算法中有一个分辨率的设置，1.0是标准的分辨率，设置的数字（分辨率）越小，社区数量越多；数字（分辨率）越大，社区规模越小。通过调整分辨率的大小来寻求模块度的最大值，从而达到一个最佳社区划分的状态。表4-4-3中分别测试了分辨率0~5所获得的模块度，由于 0～3 范围内社区数量变化波动大，采取以 0.5 为间隔进行模块化分区测试，后续 3～5 社区波动减小，则采用 1 为间隔进行测试。根据实验结果，五个城市的分辨率为 1.0 时，模块度达到最大值。由此可见，本节应用的社区检测算法在无权无向简单网络上的社区发现上是成功的。

表 4-4-3　不同分辨率下的模块度

城市	分辨率	模块度	社区数量
沈阳	0	−0.007	170
	0.5	0.577	10
沈阳	1.0	0.615	7
	1.5	0.613	6
	2.0	0.560	5
	2.5	0.554	4
	3	0.524	4
	4	0.394	3
	5	0.394	3
苏州	0	−0.017	77
	0.5	0.668	8
	1.0	0.708	6
	1.5	0.701	5
	2.0	0.693	5
	2.5	0.654	5
	3	0.578	5
	4	0.558	4
	5	0.534	3
兰州	0	−0.016	80
	0.5	0.557	9
	1.0	0.598	5
	1.5	0.560	4
	2.0	0.555	4
	2.5	0.496	4

续表

城市	分辨率	模块度	社区数量
兰州	3	0.542	4
	4	0.529	4
	5	0.350	3
武汉	0	−0.011	118
	0.5	0.215	9
	1.0	0.565	7
	1.5	0.456	5
	2.0	0.491	5
	2.5	0.494	5
	3	0.438	4
	4	0.435	3
	5	0.435	3
广州	0	−0.012	96
	0.5	0.486	9
	1.0	0.532	5
	1.5	0.496	4
	2.0	0.489	4
	2.5	0.427	3
	3	0.437	3
	4	0.426	3
	5	0.096	2

第五节　本章小结

　　本章在探讨城市生态空间结构的识别及稳定性分析的过程中，采用了多种方法和技术，以不同的特征维度来研究城市植被覆盖与城市化的关系。

　　在第四章第二节中，通过像元二分模型和 OSTU 算法，提取了植被覆盖度，并构建了分级植被覆盖度特征，同时引入了城市覆盖度计算方法。这为研究城市覆盖度和植被覆盖度之间的关联关系打下了基础。

在第四章第三节中，通过标准差椭圆的空间分析方法，对城市的植被覆盖和城市覆盖要素进行了深入研究，包括它们的空间分布特征。在此基础上，构建了多层次的空间分布特征，用以研究植被变化和城市化在空间分布特征下的规律。

在第四章第四节中，基于社区结构拓扑特征，研究了城市植被覆盖群落的演化，采用了最小累积阻力模型和社区检测算法。通过这些研究方法，揭示了植被变化和城市化在社区结构拓扑特征下的规律。

综合来看，本章通过对不同维度的特征分析，全面探讨了城市植被覆盖与城市化之间的关系，为城市生态空间结构的理解提供了深刻的见解，同时为城市规划和生态保护提供了有力的科学支持，对可持续城市发展和生态保护具有重要的意义。

第五章　采用网络结构的城市空间结构热效应分析

　　城市土地利用是城市空间结构的重要组成部分，涉及城市内土地的分配和使用，包括住宅区、商业区、工业区、绿地、交通设施等不同类型的土地用途。城市化进程伴随城市空间结构的改变，城市土地利用的变化。在城市化过程中，土地利用类型的改变会影响城市的地表温度、大气温度和热辐射等，从而引起城市的热环境变化。当前此问题的研究重点主要在于建立多种指标之间的线性联系，但并没有很多研究人员将复杂网络理论用于研究城市热环境中，因此本章探索了基于网络结构研究城市土地利用状况与城市热环境之间的关系的可行性。

　　本章的重点在于构建地表温度网络、NDVI 网络和NDBI 网络，采用网络结构与分形理论研究它们的相关性，分析城市土地利用类型状况与城市热环境空间上的关系，有助于创造更具可持续性和宜居性的城市环境，降低城市热环境的不良影响。

第一节　研究区域与数据

一、研究区概况

本章将沈阳市作为研究对象。沈阳市是我国的制造业重镇、中国历史文化名城，东北亚经济圈、环渤海经济圈的核心，其多元的产业结构，使其在国家发展中占据着极其重要的地位。中国沈阳市委、市政府致力于推动中国沈阳的老工业基地的振兴，大力推进国家经济结构的重组，不断扩大城市的可用资源，完善产业结构，使汽车、零配件、电子、化学、医疗器械等行业取得长足的进步，同时，沈阳市的基础设施也在不断完善，使其经济社会步入了高品质的发展。

沈阳市区的季节性气候十分鲜明，冬天天气严寒，而夏季天气酷热，秋季天气更加温和。沈阳市的河流总数达到 17 条，其中辽河与浑河是最主要的河道。另外，该地区还有众多湖泊，如丁香湖、卧龙湖、团结湖、三台子水库、棋盘山水库，它们的存在使得该地区的水资源更加丰富。

二、数据来源

本章的数据是使用地理空间数据云获得的，其中包含了三年的 Landsat 8 遥感数据。这些影像的云含量都低于 10%，因此，它们能更准确地展示各种物体的光学特性，并在不同的温度范围内提供了良好的信息。采用的遥感影像为夏季影像，具体时间为 2013 年 7 月 21 日、2017 年 8 月 31 日和 2020 年 7 月 22 日，遥感影像具体情况如表 5-1-1 所示。

表 5-1-1　三期遥感影像

期数	2013 年	2017 年	2020 年
成像日期	7 月 21 日	8 月 31 日	7 月 22 日
云量	<5%	<3%	<2%
来源	Landsat 8	Landsat 8	Landsat 8

三、数据预处理

（一）遥感数据预处理

遥感数据预处理主要包括三部分：辐射定标、大气校正、影像裁剪。

1. 辐射定标

通过进行辐射定标，可以有效地将传感器测得的数据转变为可以准确测量出的绝对辐照亮度和地面反射率，从而有效减少由于传感器本身原因造成的测量偏差。以 Landsat 影像为例，就是把遥感影像的数字量化值转化为星上反射率，接着转换成传感器入瞳处的反射率，各转换参数可以从影像头文件中读取，定标结果为大气校正做好准备。Landsat 数据辐射定标基本公式为：

$$L = Gain * DN + Bias$$

其中，$Gain$ 为增益系数，$Bias$ 为偏移系数。利用完整的遥感图像处理平台（ENVI）5.3 完成三期遥感影像的全波段辐射校正。

2. 大气校正

大气校正是遥感影像处理的重要步骤，其主要目的是消除由于大气物质的存在导致的遥感影像上的辐射误差。相对大气校正和绝对大气校正是两种主要的大气校正方法。相对大气校正方法通过选取一个合适的区域或者像元作为比较标准，计算该区域或者像元的平均辐射亮度，将其作为全局辐射亮度进行比较，从而得到大气的影响，并进行校正。相对大气校正可以消除遥感影像的一些大气影响，使得图像更加清晰，但是相对大气校正得到的遥感图像数字值不能直接代表地表反射率。相对而言，绝对大气校正方法则更加严格，它需要使用大气辐射传输模型来计算出大气对地表反射率的影响，从而将遥感图像数字值转换为地表反射率。绝对大气校正能够更为准确地获取地表反射率信息，但是其过程也更加烦琐，需要考虑更多的影响因素，比如，大气气溶胶、云层等。在进行定量、半定量化的遥感研究中，特别是对地物进行精确识别时，多数采用绝对大气校正方法。本章采用 FLAASH 标准大气校正，设置传感器类型、成像时间和平均海拔等参数完成三期遥感影像的全波段大气校正。

3. 影像裁剪

由于本章的研究区域包括沈阳市的九个主要市区，利用研究区行政边界矢量数据对影像进行裁剪，为后续土地利用分类和地表温度反演提供基础。

（二）计算 NDVI 和 NDBI

本章需要获得研究区域的 NDVI 和 NDBI 的计算结果图，是构建 NDVI 网络和 NDBI 网络的基础数据。其中，NDVI 为归一化植被指数，计算公式为：

$$NDVI = (NIR - RED) / (RED + NIR)$$

其中，NIR 和 RED 是 Landsat 系列影像中的近红外波段和红波段，分别对应 Landsat 8 影像数据的波段 5 与波段 4。

其次，$NDBI$ 为建成区指数，计算公式为：

$$NDBI = (MIR - NIR) / (MIR + NIR)$$

其中，MIR、NIR 是 Landsat 系列影像中的中红外波段和近红外波段，分别对应 Landsat 8 影像数据的波段 6 与波段 5。

ENVI 平台上的 NDVI 图可以通过对已经预处理的遥感影像进行分析，使用其内置的计算工具，根据影像的类型，自动选择合适的波段，从而实现高效的图像处理。然而，ENVI 平台缺乏自带的工具来计算 NDBI 图像。因此，人们通常会使用 Band Math 工具，根据给定的公式，精准地选择合适的波段，从而获得准确的 NDBI 图像。NDVI 和 NDBI 图像的值域为 [-1，1]，可以根据值域去判断计算是否正确。

第二节　城市土地利用分类和地表温度反演

一、基于最大似然法的城市土地利用分类

对城市的土地利用进行分类主要有监督分类和非监督分类，大量研究表明采用监督分类法提取土地利用结果的精度一般要高于非监督分类[166]。非监督分类是一种基于遥感影像数据的分类方法，通过利用遥感影像数据的光谱反射特征和

自然点群的空间分布规律，而无需依赖于先验知识，从而将地物划分为基本类型。然而，这种方法的结果只能反映出不同类型的特征之间的差异，而无法准确地反映出地物类型的名称和属性。因此，该方法的准确性受到一定的限制。监督分类是指利用遥感影像的训练区提供的训练样本，获取先验知识，建立判别函数或者判别准则，对遥感影像中非训练区的像元进行分类。在训练样本的选择方面需要尽可能选择具有一定典型性和代表性的区域，且数量要合适，太多会造成计算量加大，太少分类效果不理想，主要的方法包括平行六面体法、最小距离法、马氏距离法和最大似然法等[167]。

（一）平行六面体法

平行六面体法（Parallelepiped）是一种基于特征空间分割的光谱分类方法，通过设定多个区域垂直于每个波长上的平行面，将特征空间分割成不同的子空间，每个子空间代表一类地物，以完成对影像的分类。该方法以地物的光谱特征曲线为判断规则，假定同类地物的光谱特征曲线相似，将其作为进行判决的标准。该方法需要先选取一组用于训练分类器的样本，然后利用训练样本求出每个类别的均值以及标准差，以此确定分类器的分类阈值。与其他分类方法相比，平行六面体法的计算速度快，并且适用于高光谱数据和多波段数据处理，但是其精度通常低于其他一些复杂的分类方法。对于某一类别 i，当像元 X 的灰度值满足：

$$|X_i - M_{ij}| < T \times S_{ij}$$

其中，像元 X 归入第 i 类，M_{ij}、S_{ij} 为第 i 类第 j 波段的均值和标准差；X_i 为像元 X 在 i 波段的灰度值；T 是设定的阈值。

（二）马氏距离法

马氏距离法（Mahalanobis Distance）可以根据待分像元与各个类别的协方差之间的关系以及像元值的离散程度，来确定距离最近的类别。该方法可以帮助研究者快速、准确地识别出各个类别之间的关系，从而更好地进行分类。其表达式为：

$$D_{ij}^2 = \left(X_j - M_{ij} \right)^\tau \sum_{ij}^{-1} \left(X_j - M_{ij} \right)$$

其中，$\sum_{ij}$ 为协方差矩阵。

（三）最小距离法

最小距离法（Minimum Distance）是一种用于识别图像中像元与各类别中心之间欧氏距离的方法。该方法通过计算图像中像元到各类别中心之间的欧氏距离来确定该像元属于哪一类。距离判别函数为：

$$D = \sqrt{\sum_{j=1}^{n} (X_i - M_{ij})^2 / S_{ij}^2}$$

其中，M_{ij}、S_{ij}、X_i 表示的含义与上述公式中相同，n 为波段数。

（四）最大似然法

最大似然法（Maximum Likelihood）[168] 是以概率判别函数和贝叶斯判别规则（Bayes'rule）为基础，假定每种类别在光谱特征空间中都服从高斯正态分布（Gaussian Distribution），其分类公式为：

$$D = \ln(\propto_i) - [0.5\ln(|Cov_i|)] - [0.5(X - M_i)^\tau (Cov_i - 1)(X - M_i)]$$

其中，D、X 分别表示加权距离；M_i、Cov_i、$\propto_i$ 分别表示类别 i 的样本均值、协方差矩阵和待分像元属于类别 i 的概率。

本章从分类精度和工作量上对比了以上各种方法，选择了最大似然法对研究区域进行三期遥感影像的城市土地利用分类。

二、基于大气校正的地表温度反演

（一）城市热环境与城市热效应

城市热环境与城市热岛都是通过地表温度和大气温度来反映城市环境与气候特征的。城市热岛是一个由城市下垫面导热率高、人工热源热污染空气、人口聚集和建筑物密集等因素联合作用导致城市内部温度明显高于城市外部的现象。城市热环境则更加宏观，它不仅包括城市热岛现象，还包括受太阳辐射、温度、相对湿度等因素的影响，从而影响人体感知的大环境。研究城市热环境可以帮助研究人员制定控制城市热岛的可持续发展策略，优化城市布局和建成环境，减少城市热岛对人类的不利影响。本章研究对象为沈阳市主城区，选择基于大气校正法反演研究区域地表温度，以研究城市土地利用状况对城市温度的影响。

（二）地表温度反演算法

地表温度反演的方法主要可以归纳为三种类型，包括单通道算法、多通道算法和劈窗算法。单通道算法基于卫星遥感中热红外单波段，借助大气辐射传输方程，结合大气垂直廓线等数据反演地表温度，其中具有代表性的方法有覃志豪单窗算法[169]、大气校正法[170]和 Jiménez 单通道算法[171]。多通道算法包括昼夜法、温度发射率分离法和灰体发射率法等多种具体实现方式。例如，针对 MODIS 传感器的热红外通道数据，可以采用昼夜法来反演地表温度，此法适用于黑体和非黑体情况下的辐射计算，能够根据昼夜两个时间点的卫星数据，对地表温度进行反演，具有较高的精度和可靠性。又如 ASTER 传感器的温度产品，其中包含官方算法温度发射率分离法，该法基于多波段辐射值，同时分别利用地表温度和辐射率作为两个未知参数，通过反演得到辐射率和地表温度，同时该法还考虑到了大气的辐射损失和吸收作用，具有较高的灵敏度和精度。而劈窗算法利用两个相邻不同波段的光谱特性差异，从测量的卫星数据中去除大气影响，最终反演出地表温度。在进行劈窗算法之前，需要进行图像辐射定标和地表辐射率的计算，并引入大气剖面参数来计算黑体辐射亮度以得到地表温度。这种方法通常适用于高光谱遥感数据处理，可以消除大气干扰，提高温度反演的精度和准确性，常用的算法如下所示：

1.Weng 单通道算法

表达式为：

$$T_s = \frac{T_B}{1+(\lambda T_B / \rho)\ln \varepsilon}$$

其中，$\rho = hc / \zeta$，$c = 2.998 \times 108ms-1$，$h = 1.2806 \times 10-23JK-1$，$\zeta = 6.626 \times 10-34Js$。

2.覃志豪单窗算法

覃志豪的 MW（Mono-window Algorithm）通过应用 Landsat TM 的热红外波段信息，可以有效地解决地面的热量传递问题，从而实现对地面的准确测量。计算公式为：

$$T_s = [a(1-C-D)] + [b(1-C-D)+C+D]T_{sensor} - DT_a] / C$$

$$C = \tau\varepsilon$$

$$D = (1-\tau)[1+(1-\varepsilon)\tau]$$

其中，ε 是地表比辐射率，τ 是大气透过率，T_{sensor} 是指光照强度，T_a 是大气平均作用温度，a、b 为系数。

3.Jiménez 单通道算法

Jiménez- Muñoz ,J.C. 等（2009）提出的 SC 算法，可以有效地解决 LST 问题，它采用了一系列公式，如下：

$$T_s = \gamma[\psi_1 L_{sen} + \psi_2 / \varepsilon + \psi_3] + \delta T_s$$

$$\gamma \approx L_{sen}^2 / b_\gamma L_{sen}$$

$$\delta = T_{sen} - L_{sen}^2 / b_\gamma$$

其中，ε 为比辐射率，L_{sen} 为卫星高度上遥感器测得的辐射强度（W/m²/sr/um），T_{sen} 为亮度温度，$b_\gamma = c_2(\lambda^4 / c_1 + 1 / \lambda)$（$\lambda$ 为中心波长，$c_1 = 1.91104 \times 108$W/m²/sr/um；$c_2 = 14387.7\mu$m·K）。ε 为地表比辐射率。ψ_1、ψ_2 和 ψ_3 为大气功能参数。

Jiménez- Muñoz 在研究基础上，使用 GAPRI 数据库收集的 4838 条环境廓线数据，并使用大气辐射传输模型（MODTRAN）4.0 进行辐射传输，以获取大气环境的各种参数，主要是含水量、渗透率参数、上行辐射及其下游辐射，并使用最小二乘法进行拟合，以获得 Landsat 8 的 3 种大气函数及其对应的大气环境水汽含量的数值描述。公式为：

$$\psi_1 = 0.04019\omega^2 + 0.02916\omega + 1.01523$$

$$\psi_2 = -0.38333\omega^2 - 1.50294\omega + 0.20324$$

$$\psi_3 = 0.00918\omega^2 + 1.36072\omega - 0.27514$$

其中，ω 为大气水含量。

4.Jimenez 劈窗算法

Jiménez- Muñoz，J.C. 借鉴 Sobrino 等（1996）的数学框架以及 Landsat 8 的数据特征，开发出一个新的地表高温反推算法 SW2（Split-Window Algorithm），以更好地描述和预测空间环境中的热量变化。计算模型如下所示：

$$T_s = T_{10} + C_1(T_{10} - T_{11}) + C_2(T_{10} - T_{11})^2 + C_0 + (C_3 + C_4\omega)(1 - \varepsilon)(C_5 + C_6\omega)\varepsilon$$

其中，ε 为平均地表比辐射率，$\varepsilon = 0.5(\varepsilon_{10} + \varepsilon_{11})$。$\omega$ 为大气水汽含量（g·cm-2），C_0 至 C_6 是通过模拟实验得到的系数，相关系数为 $C_0 = -0.268$，$C_1 = 1.378$，$C_2 = 0.183$，$C_3 = 54.30$，$C_4 = -2.238$，$C_5 = -129.20$，$C_6 = 16.40$。

5. 大气校正算法

$$LST = \frac{K_2}{\ln[\dfrac{K_1}{B(T_s)} + 1]} - 273.15$$

其中，K_1 和 K_2 为 Landsat 系列数据中 Band10 数据，在热红外遥感（TIRS）数据中 $K_1 = 774.89$，$K_2 = 1321.08$，$B(T_s)$ 是同温度下黑体辐射亮度，计算公式为：

$$B(T_s) = [L_\lambda - L\uparrow - \tau(1 - \varepsilon)L\downarrow] / \varepsilon\tau$$

其中，L_λ 为 Band10 热红外波段辐射亮度图像，ε 为地表比辐射率，$L\uparrow$ 为大气上行辐射亮度，$L\downarrow$ 为大气下行辐射亮度，τ 为波段平均大气传输值。

三、实验与分析

（一）城市土地利用分类结果与分析

城市土地利用分类主要流程如下：

1. 训练样本选择

选择合适的训练样本对于影像分类的准确性至关重要，以下内容需要考虑：

第一，训练样本的数量应该恰到好处，过少的样本无法反映出真实情况，而过多的样本则会增加计算量。

第二，训练样本的面积应该足够大，尽量避免出现在不同地物类别的边缘，以保证所选像元的纯度。

第三，训练样本的分布应该均匀地分布在研究区域内。根据研究区域的地表特征，本章的土地利用类型分为建成区、水域、耕地、林地和裸地。因此，在 ENVI 软件中分别将各类型的训练样本数量都控制在 15～20，且保证分布均匀。选择完成后进行样本的分离度计算，需要保证不同类型的分离度在 1.8 以上，一旦低于 1.8，区分效果可能就不理想，必须重新选择新的样本，或者删除不合适的样本。

2. 建立解译标志

通过对遥感图像的观察和研究，利用解译人员的专家技能和观测技术，以及他们对地物之间联系的了解，准确地定位和辨认出地物。这需要运用合适的观察技能，结合地物信息和地物之间的联系，进行综合的推断和细致的分析。本节根据先验知识和野外调查资料，建立了解译标志。

3. 选择分类方法

人们在早期利用计算机进行遥感影像解译时，主要通过目视判读。图像解译人员的经验积累和专业水平在很大程度上决定了分类结果的优劣。近年来，通过应用多种细分方法，包括面向对象细分法、机器学习分类法、GIS 融合法、多源数据综合细分法，已经能够更准确地细分地物。这些划分方法基于地物的光谱信息，并且在 20 世纪末期有了很大的改进。

本章使用 ENVI 软件，采用最大似然法对 2013 年、2017 年以及 2020 年的遥感数据进行监督分类。分析发现，这三个时期的城市土地利用情况都有显著的差异，分类精度如表 5-2-1 所示，并使用 Arc GIS 统计研究区域各用地类型面积变化及占比，将结果制成土地利用分类面积统计表 5-2-2。

表 5-2-1　分类精度

年份	总体精度	Kappa 系数
2013	90.3%	0.89
2017	96.4%	0.94
2020	95.2%	0.93

表 5-2-2　土地利用分类面积统计表（km²）

期数	2013	2017	2020	2013—2017 变化	2017—2020 变化
建成区	1102.74	1155	1185.41	52.26	30.4
耕地	2287.01	2229.98	2208.28	−57.03	−21.7
水域	207.464	218.385	214.631	10.921	−3.754
林地	61.4526	55.3121	49.7802	−6.1405	−5.5319
裸地	1.197	1.144	1.711	−0.05	0.567

如表 5-2-2 所示，分析得出 2013 年沈阳主城区建成区占地面积为 1102.74km²，占比为 30%；耕地占地面积为 2287.01km²，占比为 62%，是研究区内占地面积最大的土地利用类型，主要覆盖在研究区域的郊区，围绕建成区。林地占地面积为 207.464km²，占比为 5.6%，主要覆盖在沈阳市东北和东南区域。水域占地面积为 61.4526km²，占比为 1.7%；裸地占地面积最少，只有 1.197km²，占比仅为 0.03%。

2013—2017 年，研究区域的建成区增加了 52.26km²，现占地面积为 1155km²，占比提升为 31.5%；耕地减少了 57.03km²，现占有面积为 2229.98km²，占比降为 60.9%，但是仍然是占地面积最高的土地利用类型。林地增加了 10.921km²，占地面积为 218.385km²，占比为 6%；水域占地面积减少了 6.1405km²，占地面积为

$55.3121km^2$，占比为1.5%，裸地几乎没有什么变化，只是减少了$0.05km^2$。耕地以及水域面积一部分转变为建成区和林地。

2017—2020年，建成区面积继续增加了$30.4km^2$，由此可以得出沈阳市建成区面积一直在逐年增加。而耕地面积持续减少，减少了$21.7km^2$，水域和林地也都减少了$3.754km^2$和$5.5319km^2$，减少的这些面积大部分都转变为建成区。

（二）地表温度反演结果与分析

使用ENVI软件采用大气校正法[172]对沈阳市主城区地表温度进行反演，该方法的原理如下。首先，预估大气对地表热辐射的影响；其次，在卫星传感器所获取到的热辐射总量中减去大气的影响，得到地表热辐射强度，再将地表热辐射强度转换成真实的地表温度。

1. 计算植被覆盖度

为了确定某个地方的植物群落密集程度，可以用植被覆盖度来衡量。这个值可以反映该地方的植物群落在整个地表上的相对密集程度。估算公式如下所示：

$$PV = (NDVI - NDVI_{soil}) / (NDVI_{veg} - NDVI_{soil})$$

其中，PV为植被覆盖度，$NDVI_{soil}$为完全无植被覆盖区域的$NDVI$值，$NDVI_{veg}$则代表完全被植被覆盖的$NDVI$值，通常情况下取值$NDVI_{veg} = 0.7$，$NDVI_{soil} = 0.05$。

2. 比辐射率的计算

地表比辐射率通常指的是在同一温度下地表发射的辐射量与同温度下黑体发射的辐射量的比值[173]。地表比辐射率一般可通过NDVI来测量和估测地表的辐射水平。本章选择计算地表比辐射率的公式为：

$$\varepsilon = 0.004PV + 0.986$$

其中，ε为地表比辐射率，PV为植被覆盖度。

3. 辐射亮度计算

计算同温度下黑体辐射亮度，其表达式为：

$$B(T_s) = [L_\lambda - L\uparrow - \tau(1-\varepsilon)L\downarrow / \varepsilon\tau$$

其中，$B(T_s)$ 为同温度下黑体辐射亮度，L_λ 为 Band10 热红外波段辐射亮度图像，ε 为地表比辐射率，本章通过在 NASA 获得了 Band10 热红外波段传播光度的详细信息，$L\uparrow$ 是指大气上行辐射亮度，$L\downarrow$ 是指大气下行辐射亮度，τ 是指波段平均大气传输值，本章所有的 Landsat 数据大气剖面参数如表 5-2-3 所示。

表 5-2-3　大气剖面参数

成像时间	$L\uparrow$（W/m²/sr/um）	$L\downarrow$（W/m²/sr/um）	τ
2013 年 7 月 3 日	2.32	3.77	0.7
2017 年 8 月 3 日	0.76	1.32	0.9
2020 年 7 月 22 日	2.24	3.66	0.73

4. 反演城市地表真实温度

普朗克公式（Planck formula）的反函数可用来校准黑体辐射亮度 $B(T_s)$，可以通过下列公式来估测摄氏度的地面温度：

$$LST = \frac{K_2}{\ln[\frac{K_1}{B(T_s)}+1]} - 273.15$$

其中，K_1 和 K_2 为 Landsat 系列数据中 Band10 数据，在 TIRS 数据中 $K_1 = 774.89$，$K_2 = 1321.08$。

5. 归一化处理

通过将不同时期的城市地表温度图进行归一化处理，可以更加准确地比较和分析，并将温度范围限定在 0～1。归一化的公式为：

$$NDST = \frac{T - T_{min}}{T_{max} - T_{min}}$$

其中，*NDST* 为归一化地表温度，*T* 为地表温度值，T_{min} 为地表温度最低值，T_{max} 为地表温度最高值。

沈阳市存在明显的城市热岛效应，市中心的温度较郊区高 1～3 级。其中，从空间上来看城市化水平较高的和平区、沈河区、于洪区、大东区等的温度最高。沈阳市的中心区域因为水泥、沥青等建筑材料的使用，导致了白天的高温，这些建筑物的热容量很小，使得它们的温度比周围的地物更快地上升，从而形成了一个强热岛。此外，这些区域的人口密度也是九个区域中最大的。在浑南区、苏家屯区、沈北新区等地区，由于大量的耕地和森林的存在，且植物的蒸腾作用能够有效地减少土壤和地表的热量，从而降低了当地的气温。

通过 Arc GIS 平台，对 2013 年、2017 年和 2020 年地表温度图的不同温度等级面积进行统计，得到三期地表温度等级统计表，如表 5-2-4 所示。

表 5-2-4　三期地表温度等级统计表（km²）

温度等级	2013	2017	2020	2013-2017 变化	2017-2020 变化
低温	17.951	0.468	0.097	−17.481	−0.371
次低温	88.588	39.548	140.337	−49.04	100.789
中温	3062.82	3117.037	2963.687	54.217	−153.35
次高温	481.913	495.642	458.311	13.729	52.699
高温	6.061	4.647	4.911	−1.414	0.264

由表 5-2-4 分析可知 2013 年至 2020 年研究区域地表热环境变化比较显著，主要表现为低温区域持续减少以及次高温区域持续增加，高温地区几乎保持平稳，而次低温地区和中温地区在不同时段具有不同的变化。次低温区域表现为先减后增，总体趋势表现为增加，而中温区域则表现为先增后减，且中温区域在 2013 年、2017 年和 2020 年的温度等级中一直居于主导地位，即它是研究区域覆盖面积最广的区域。这说明沈阳的热岛效应在持续增强，应加以重视。

第三节　基于六度分离理论的网络构建及指标计算

一、网络构建

（一）复杂网络节点提取

利用 Arc GIS 平台提取地表温度图、NDVI 图像和 NDBI 图像的特征点作为复杂网络的节点。首先，选择 Spatial Analyst 工具中的邻域分析的焦点统计，邻域设置为 60*60 的矩形窗口，统计类型选择 MAXIMUM 用于计算该邻域的最大像元值；其次，选择地图代数的栅格计算器提取符合条件的栅格像元，该像元值为 1，其他的值为 0，并选择重分类工具选择出值为 1 的栅格像元，之后选择转换工具中的由栅格转出工具，将栅格数据转化为点矢量文件；最后，选择提取工具，将地表温度、NDVI 和 NDBI 图上的值提取到各自的特征点上，再选择筛选工具，设置好合适的阈值，将大于该值的特征点作为复杂网络的节点。

（二）复杂网络构建

本章构建的复杂网络属于无向无权图。使用 PyCharm 配置用于分析两个库，包括 Org 库和 GIS 库，专门为 GIS 领域的研究人员编写，支持多种不同的 Pandas 技术。Pandas 是由 NumPy 开发的，它可以被广泛应用，并且可以被 NumPy、Matplotlib 等多种软件所支持。Pandas 的主要组件是两个数据类型 Series（即一维的）以及两个"二维—多维"的 DataFrame（即二维的、多维的），它们共同组成了 Pandas 的核心框架。通过执行一系列的步骤，包括提取数据的独立性、计数、挖掘数据之间的相互依赖性，来实现对数据的有效分析。利用提取到的图片特征点，得到网络模型的边，最后构建网络。

首先，基于六度分离理论（即复杂网络小世界特性），通过使用 Org 库中的点 shp 文件，从而得到一组相关的邻接表。其次，利用图片提取的特征点和邻接表，构建网络模型，用于连接节点的所有边，定义好投影坐标，并导出 shp 文件。最后，基于 ArcGIS 平台，添加网络节点和边的 shp 文件，检查得到的复杂网络模型是否正确。

二、复杂网络指标计算

NetworkX 是一个基于 Python 的库，用于创建、操作和学习复杂网络。其中提供了各种各样的数据格式加载和存储网络，可以用来创建各种随机网络和经典网络，同时也支持对于网络的结构进行分析。在 PyCharm 软件平台上，一般通过安装 NetworkX 库，调用该算法库中的各种函数和方法进行复杂网络的操作和分析。使用 NetworkX 来创建和加载各种不同类型的网络，例如，有向图、无向图、加权网络等。此外，通过 Network X 可以对网络的节点、边、度、路径等进行计算和分析，了解网络的基本结构和属性，并进一步分析和建立网络模型。同时，NetworkX 还支持将复杂网络可视化，可以更直观地理解和体现网络的结构和特性。

本章中计算复杂网络指标的大致流程如下：首先，在构建的复杂网络中读取邻接表内容，将读取到的节点和边的数据导入新建的网络中。其次，利用 Network X 中自带的函数计算复杂网络的网络指标。比如，nx.clustering（G）可用于计算网络节点的群聚系数，nx.degree_centrality（G）可用来计算网络节点的度中心性，nx.betweenness_centrality（G）可用来计算网络节点的介数中心性。最后，构建表格将所有的网络指标数据导出。

三、实验与分析

基于六度分离理论的 2013 年、2017 年以及 2020 年地表温度，NDVI 和 NDBI 复杂网络模型结果，可知 2013 年、2017 年以及 2020 年的地表温度网络与 NDVI 网络在空间分布上明显表现为负效应，地表温度网络中间的网络节点数量明显要多于 NDVI 网络，且越靠近研究区域的边缘节点分布越稀疏，而 NDVI 网络的网络节点的空间分布表现为中间稀少，周围较密。而 NDBI 网络与地表温度网络在空间分布上都表现为逐渐减少。

第四节 基于网络结构的城市土地利用热效应分析

一、土地利用类型与地表温度的相关性分析

分形理论可以作为一种有效的工具，用来描述自然界和社会现象的复杂性。分形理论的核心概念是自相似性，即一个物体的一部分与整个物体相似。这种自相似性在自然界和社会现象中都有广泛的应用。在城市土地的复杂性、向心性和自组织性的研究中，分形理论可以帮助研究人员更好地理解城市的发展和演化过程，并且可以预测城市未来的变化趋势。在环境效应的分析方面，分形理论可以帮助研究人员研究自然界的各种复杂系统，例如，地理形态、气象系统、植被形态和动物形态等，从而更好地了解它们的变化和演化规律，帮助解决城市的热岛效应。所以，本章基于分形理论研究土地利用类型与城市地表温度的关系，选择了半径维数指标作为定量研究土地利用和热环境的关系的依据，该指标可以从土地利用空间动态变化过程定量开展城市土地利用热环境效应研究[174]。根据研究和数据分析，可以发现在城市的热岛效应中心区域，不同土地利用类型的密度会发生变化，并且这种变化的程度与圆心到该区域的距离有关。假设在以热岛效应中心为圆心，半径为 r 的圆内有一个用地类型[174]，其面积为 $S(r)$ ，则 $S(r)$ 与 r 之间的关系可以表示为：

$$S(r) = \eta r^x$$

其中，η 为常数，x 为半径维数。半径维数 x 反映了不同类型的城市用地从高温地区向低温地区在空间分布上的密度变化规律。对公式两边取对数，可以将其化简为：

$$\ln S(r) = \ln \eta + x \ln r$$

已知半径 r 和面积 $S(r)$ ，利用上述模型，并利用最小二乘的线性进行拟合就可以求解半径维数 x 。

假定城市热岛中心周围的圆形区域的面积为 $A(r)$，那么很明显，这个区域的半径是 r，则有：

$$A(r) = \pi r^2$$

土地利用平均密度的空间衰减表达式为：

$$\rho(r) = \frac{dS(r)}{dA(r)} \propto r^{x-2}$$

其中，$\rho(r)$ 是土地利用平均密度，x 为半径维数。由公式可知，当 $x < 2$ 时，r 增大会导致 $\rho(r)$ 减小，这意味着该用地类型在空间分布上是由高温中心向四周逐渐衰减；$x = 2$ 时，该类型的平均密度是一个定值，这表示该土地利用类型的平均密度由高温中心向四周均匀变化；$x > 2$ 时，r 增大会导致 $\rho(r)$ 变大，这意味着该类用地在空间分布上表现为由高温中心向四周逐渐增大。半径维数可以用于定量的描述从城市热岛效应中心向城市郊区低温地区辐射的土地利用类型在空间分布上的变化情况的原因，它可以帮助研究人员从城市土地利用的角度对城市热环境进行定量的分析和评价[174]。

二、基于回归分析的复杂网络相关性分析

NDVI 网络以及 NDBI 网络与地表温度网络相关性研究的主要流程如下：首先，基于 Arc GIS 平台，创建 5km×5km 的渔网，利用叠置分析对地表温度网络、NDVI 网络以及 NDBI 网络进行分区，并确定出各网络中位于研究区域四环路以内的所有分区；其次，分别计算三种网络的各分区内的复杂网络的密度，度中心性总和作为研究各复杂网络之间的相关性的指标；最后，以地表温度、NDVI 网络和 NDBI 网络的网络密度和网络度中心性为基础，利用折线图和回归分析确定 NDVI 网络、NDBI 网络与地表温度网络之间的相关性。

三、实验与分析

（一）半径维数指标的计算与分析

本节基于地表温度网络，利用网络指标度中心性、紧密度中心性和介数中

心性以及节点位置对应的值，分别乘以 0.25 后再求和，将值最大的点作为高温中心，并使用缓冲区分析的方法提取不同缓冲半径内的城市各类型土地利用的实际面积，统计各城市土地利用类型的面积得到三期各缓冲区内土地利用占比如图 5-4-1 至 5-4-3 所示。分析可知在高温中心附近建设用地所占比例最大。2013 年、2017 年和 2020 年的建成区占比都接近 99%，而林地、农用地及水域的比例之和不到 1%；随着与高温中心的距离越来越大，即地表温度逐渐降低，建成区占比在逐渐减少，而耕地、林地、水域以及裸地在逐渐增大，只是林地、水域和裸地增加的幅度比较低。通过观察 2013 年、2017 年和 2020 年的面积占比图可知距高温中心 16km 左右时，建设用地的比例已经小于 75%，且林地、耕地及水域所占面积都超过了 35%。以上分析可以表明建设用地会加剧城市热岛效应，而林地、耕地及水域可以减缓热岛效应。

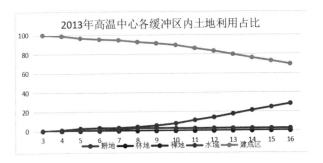

图 5-4-1 2013 年各缓冲区内土地利用占比

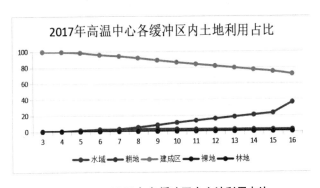

图 5-4-2 2017 年各缓冲区内土地利用占比

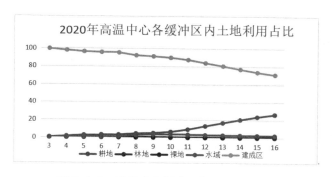

图 5-4-3 2020 年各缓冲区内土地利用占比

此外，本节使用半径维数公式，利用回归分析法得到各种土地利用类型的半径维数 x，三期土地利用类型分形计算的同回归方程及相关统计量如表 5-4-1 至表 5-4-3 所示。

表 5-4-1 2013 年土地利用类型分形计算的同归方程及相关统计量

土地利用类型	拟合方程	相关系数	半径维数
建成区	lnS（r）=1.9718lnr+0.5907	0.87	1.9718
耕地	lnS（r）=5.13lnr−8.523	0.98	3.8972
林地	lnS（r）=3.1371lnr−6.74	0.90	3.137
水域	lnS（r）=3.8972lnr−7.2326	0.88	3.8972
裸地	lnS（r）=2.034lnr−0.457	0.91	2.034

表 5-4-2 2017 年土地利用类型分形计算的同归方程及相关统计量

土地利用类型	拟合方程	相关系数	半径维数
建成区	lnS（r）=1.7497lnr+1.4777	0.99	1.7497
耕地	lnS（r）=4.4022lnr−6.97	0.98	3.8972
林地	lnS（r）=3.1807lnr−7.2706	0.90	3.1807
水域	lnS（r）=3.5107lnr−6.3068	0.94	3.5107
裸地	lnS（r）=2.588lnr−3.557	0.94	2.588

表 5-4-3 2020 年土地利用类型分形计算的回归方程及相关统计量

土地利用类型	拟合方程	相关系数	半径维数
建成区	$\ln S(r) = 1.7942 \ln r + 1.4461$	0.99	1.7942
耕地	$\ln S(r) = 4.8522 \ln r - 7.8756$	0.97	4.8522
林地	$\ln S(r) = 2.6969 \ln r - 6.9389$	0.87	2.6969
水域	$\ln S(r) = 4.1106 \ln r - 7.6662$	0.92	4.1106
裸地	$\ln S(r) = 2.1663 \ln r - 4.828$	0.91	2.1663

如表 5-4-1、表 5-4-2 和表 5-4-3 所示，分析可知研究区域内所有的土地利用类型中，只有建成区的半径维数小于 2，表示距离高温中心越远，建设用地的密度越小，这说明了建设用地与城市热效应为正效应，也就进一步说明了建成区是造成城市热岛效应的主要原因。而耕地、林地以及水域即使三年的半径维数都各不相同，但都大于 2，即距离高温中心越远，耕地、林地和水域的密度越大。这就意味着它们与城市热效应表现为负效应，即它们对城市热岛效应有很好的减缓作用，尤其是耕地和水域对于城市热岛效应的减缓作用最明显，因为它们的半径维数最大。由表可知 R^2 在 0.9 左右，说明具有良好的拟合优度，即显著性水平较高，这说明回归分析模拟的结果是可信的。

（二）复杂网络相关性

由 2013 年、2017 年和 2020 年的各网络的网络密度和度中心性数据得到各网络的相同网络指标的变化趋势图可以明确发现地表温度网络与 NDBI 网络的网络密度和网络指标度中心性的变化趋势大致相同，只是变化的幅度不完全相同；地表温度网络与 NDVI 网络的网络密度和网络指标度中心性变化的趋势是大致相反的。对 2013 年、2017 年和 2020 年的地表温度网络与 NDVI 网络，以及 NDBI 网络的网络密度和网络指标度中心性做回归分析，得到 2013 年、2017 年和 2020 年的回归方程以及参数如表 5-4-4、表 5-4-5 和表 5-4-6 所示。

表 5-4-4 2013 年回归方程及参数

指标	类型	回归方程	R^2
网络密度	地表温度与 NDVI	y=−0.6634x+5.749	0.59
	地表温度与 NDBI	y=0.5694x+2.7764	0.56
度中心性	地表温度与 NDVI	y=−0.7299x+0.1535	0.61
	地表温度与 NDBI	y=0.654x+0.0566	0.54

表 5-4-5 2017 年回归方程与参数

指标	类型	回归方程	R^2
网络密度	地表温度与 NDVI	y=−0.7342x+5.9812	0.60
	地表温度与 NDBI	y=0.767x+1.6611	0.62
度中心性	地表温度与 NDVI	y=−0.6359x+0.1641	0.59
	地表温度与 NDBI	y=0.611x+0.0593	0.62

表 5-4-6 2020 年回归方程与参数

指标	类型	回归方程	R^2
网络密度	地表温度与 NDVI	y=−0.658x+7.0599	0.64
	地表温度与 NDBI	y=0.5506x+2.2908	0.53
度中心性	地表温度与 NDVI	y=−0.5432x+0.1066	0.64
	地表温度与 NDBI	y=0.6806x+0.0505	0.55

如表 5-4-4、表 5-4-5 和表 5-4-6 所示，根据数据回归方程和系数 R^2 可知，地表温度网络与 NDVI 网络的网络密度和网络指标度中心性表现为负相关，与 NDBI 网络的网络密度和网络指标度中心性表现为正相关。这就说明了基于网络结构，利用网络密度和网络指标能确定地表温度与 NDVI 指数表现为负效应，而地表温度与 NDBI 指数表现为正效应。

计算 2013 年、2017 年和 2020 年各分区内地表温度网络与 NDVI 网络以及 NDBI 网络密度，三期复杂网络的网络密度变化趋势如图 5-4-4 所示。

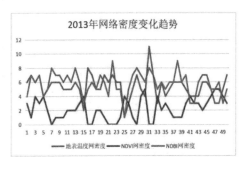

（a）2013 年

（b）2017 年

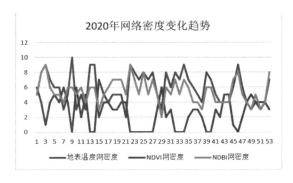

（c）2020 年

图 5-4-4　2013 年（a）、2017 年（b）和 2020 年（c）各网络的网络密度变化趋势

第五节　本章小结

本章探索了地表温度、NDVI 和 NDBI 之间的相互关系，以及它们与城市空间结构、城市土地利用和热环境之间的联系。采用了多种研究方法，包括大气校正、网络构建、分形分析和回归分析等。

首先，使用最大似然法对城市土地利用进行分类，从而获得土地利用的详细信息。其次，基于大气校正方法反演城市地表温度，这是了解城市热环境的关键因素。为了更好地理解城市地表数据，借助 Arc GIS 和 Python 平台构建了地表温度、NDVI 和 NDBI 网络，分析可视化数据，揭示城市地表特征。此外，我们还运用了分形理论，计算了分形指标，以揭示城市土地利用类型的空间特征和复杂性，这有助于更好地理解土地利用与城市热环境之间的关系。最后，利用回归分析方法，结合网络密度和网络指标，深入研究了地表温度、NDVI 和 NDBI 之间的关联。总之，本章通过探索变量之间的相互作用，深入理解城市地表特征和热环境之间关系，揭示了此研究在城市可持续发展方面的潜在价值。

第六章　总结与展望

　　本书基于复杂网络视角，对城市空间结构进行了研究和分析，包括多尺度城市空间形态结构研究、城市生态空间结构识别与稳定性分析以及城市空间结构热效应分析。

第一节　总结

一、复杂网络下的多尺度城市空间形态结构研究

该研究依托夜间灯光数据、铁路客运数据和 Landsat 8 数据，在基于复杂网络理论针对不同空间尺度下的城市形态空间结构的研究框架下，实现了一种采用异源数据的复合网络构建模型。充分挖掘异源数据的空间共性约束条件，建立复合网络的公共节点集成机制，通过组建复合空间邻接矩阵实现复合网络构建，提出了复合网络空间优化的城市空间结构识别方法。考虑节点在空间中的位置和连接关系，构建空间距离邻接矩阵识别社区结构。充分分析节点空间属性和光谱特征，结合网络拓扑结构特征实现了中心节点结构的高效识别，应用于不同尺度复合网络中，提高了城市群、多中心城市区域、核心城市和城市中心识别的准确性。针对城市主城区的提取提出一种采用"核心—边缘"结构的方法，通过利用特征向量中心度改进原"核心—边缘"结构识别方法的节点中心分析模式，有效地改善了城市主城区的提取精度，为城市规划管理部门提供帮助。

二、基于复杂网络社区的城市生态空间结构识别与稳定性分析

该研究利用多时相 Landsat TOA、DMSP/OLS 和 VIIRS/NPP 数据，基于覆盖度特征和空间分布特征的植被覆盖变化与城市化相关性的研究，探究城市生态空间结构，提出了一种基于自适应二分模型的城市植被覆盖度特征提取及分析方法。引入了一种基于社区拓扑特征的植被群落空间结构稳定性分析方法，实现了结合复杂网络、生态学和 GIS 空间分析技术基于社区结构拓扑特征分析研究区内林地覆盖斑块群落稳定性的目的，促进城市可持续发展。

三、采用网络结构的城市空间结构热效应分析

该研究基于网络结构和分形理论，利用 Landsat 8 数据，研究沈阳市市区的城市土地利用热效应。通过将复杂网络的相关理论知识引入，研究地表温度与

NDVI 以及 NDBI 的相关性，探索复杂网络用于研究城市热环境的可行性，为城市规划、土地利用和环保管理等领域提供科学依据。

第二节　展望

城市空间结构的识别与分析可以为多个领域提供技术支持，包括城市规划设计、经济发展以及生态平衡等。复杂网络理论以其强大的建模能力和丰富的分析工具，为城市空间结构的研究提供了新方法。研究复杂网络视角下的城市空间结构识别与分析具有重要的应用意义。本书虽然基于复杂网络理论围绕多尺度城市空间形态结构识别，城市生态空间结构识别及稳定性分析和城市空间结构热效应分析进行了较为深入的研究，但是仍然有一些方面需要进一步研究和完善，具体内容如下：

复杂网络下的多尺度城市空间形态结构研究提出了一种基于异源数据的城市空间结构识别方法，实现了对城市空间布局的可视化，可应用于城市群规划、城市化分析、区域经济组织和管理等多个领域。

复杂网络视角下的城市空间结构识别与分析将进一步深化。随着大数据和计算能力的不断提升，不同领域专业知识的整合，我们可以期望更准确、精细化的城市空间结构分析。这将有助于人们理解城市的演化和发展趋势，以实现可持续、宜居和适应性强的城市未来。

参考文献

[1]Brabec E, Schulte S, Richards P L. Impervious surfaces and water quality: a review of current literature and its implications for watershed planning[J]. Journal of Planning Literature, 2002, 16（4）: 499-514.

[2]Guo J, Yu Z, Ma Z, Xu D, Cao S. What factors have driven urbanization in China？[J]. Environment, Development and Sustainability, 2022, 24（5）: 6508-6526.

[3]Zhang P, Zhao Y, Zhu X, Cai Z, Xu J, Shi S. Spatial structure of urban agglomeration under the impact of high-speed railway construction: Based on the social network analysis[J]. Sustainable Cities and Society, 2020, 62: 102-404.

[4]Liu X, Huang J, Lai J, Zhang J, Senousi A M, Zhao P. Analysis of urban agglomeration structure through spatial network and mobile phone data[J]. Transactions in GIS, 2021, 25（4）: 1949-1969.

[5]Zhang Y, Yang D, Zhang X, Dong W, Zhang X. Regional structure and spatial morphology characteristics of oasis urban agglomeration in arid area—A case of urban agglomeration in northern slope of Tianshan Mountains, Northwest China[J]. Chinese Geographical Science, 2009, 19（4）: 341-348.

[6]Skadins T, Krumins J, Berzins M. Delineation of the boundary of an urban agglomeration: evidence from Riga, Latvia[J]. Urban Development Issues, 2019, 62: 39-46.

[7]Yu B, Shu S, Liu H, Song W, Wu J, Wang L, Chen Z. Object-based spatial cluster analysis of urban landscape pattern using nighttime light satellite images: A case study of China[J]. International Journal of Geographical Information Science, 2014, 28（11）: 2328-2355.

[8]Peng J, Lin H, Chen Y, Blaschke T, Luo L, Xu Z, Hu Yn, Zhao M, Wu J. Spatiotemporal evolution of urban agglomerations in China during 2000–2012: A

nighttime light approach[J]. Landscape Ecology, 2020, 35（2）: 421-434.

[9]Tan X, Huang B. Identifying urban agglomerations in china based on density-density correlation functions[J]. Annals of the American Association of Geographers, 2022, 112（6）: 1666-1684.

[10]He X, Cao Y, Zhou C. Evaluation of polycentric spatial structure in the urban agglomeration of the pearl river delta（PRD）based on multi-source big data fusion[J]. Remote Sensing, 2021, 13（18）: 3639.

[11]Ma H, Xu X. Knowledge Polycentricity of China's Urban Agglomerations[J]. Journal of Urban Planning and Development, 2022, 148（2）: 402-2014.

[12]Huang Y, Liao R. Polycentric or monocentric, which kind of spatial structure is better for promoting the green economy？ Evidence from Chinese urban agglomerations[J]. Environmental Science and Pollution Research, 2021, 28（41）: 57 706-57 722.

[13]Zhou Y, Smith S J, Elvidge C D, Zhao K, Thomson A, Imhoff M. A cluster-based method to map urban area from DMSP/OLS night lights[J]. Remote Sensing of Environment, 2014, 147: 173-185.

[14]Shi K, Chen Y, Yu B, Xu T, Chen Z, Liu R, Li L, Wu J. Modeling spatiotemporal CO^2（carbon dioxide）emission dynamics in China from DMSP-OLS nighttime stable light data using panel data analysis[J]. Applied Energy, 2016, 168: 523-533.

[15]Comunian R. Rethinking the creative city: the role of complexity, networks and interactions in the urban creative economy[J]. Urban studies, 2011, 48（6）: 1157-1179.

[16]Gottmann J. Megalopolis or the urbanization of the northeastern seaboard[J]. Economic geography, 1957, 33（3）: 189-200.

[17]Levinson D. Network structure and city size[J]. PloS one, 2012, 7（1）: e29721.

[18]Liu H, Shen Y, Meng D, Xue J. The city network centrality and spatial structure in the Beijing-Tianjin-Hebei metropolitan region[J]. Economic Geography, 2013, 33（8）: 37-45.

[19]Qin C, Huo N, Chong Z. Intercity Rail Transit and Integrated Development

of the Pearl River Delta Urban Cluster: Based on the Perspective of Network Analysis[J]. Chinese Journal of Urban and Environmental Studies, 2015, 3（3）: 1550024.

[20]Su X, Zheng C, Yang Y, Yang Y, Zhao W, Yu Y. Spatial structure and development patterns of urban traffic flow network in less developed areas: A sustainable development perspective[J]. Sustainability, 2022, 14（13）: 8095.

[21]Peng J, Lin H, Chen Y, Blaschke T, Luo L, Xu Z, Hu Yn, Zhao M, Wu J. Spatiotemporal evolution of urban agglomerations in China during 2000—2012: A nighttime light approach[J]. Landscape ecology, 2020, 35: 421-434.

[22]Zheng W, Kuang A, Liu Z, Wang X. Analysing the spatial structure of urban growth across the Yangtze River Middle reaches urban agglomeration in China using NPP-VIIRS night-time lights data[J]. GeoJournal, 2021: 1-18.

[23] 马学广，贾岩. 中国铁路客运流的网络格局与空间特征研究 [J]. 中国海洋大学学报（社会科学版），2020，（6）: 75-87.

[24]Archila Bustos M F, Hall O, Andersson M. Nighttime lights and population changes in Europe 1992—2012[J]. Journal of Land Use Science, 2015, 44: 653-665.

[25]Chen X, Nordhaus W D. VIIRS nighttime lights in the estimation of cross-sectional and time-series GDP[J]. Remote Sensing, 2019, 11（9）: 1057.

[26]Lv Q, Liu H, Wang J, Liu H, Shang Y. Multiscale analysis on spatiotemporal dynamics of energy consumption CO^2 emissions in China: Utilizing the integrated of DMSP-OLS and NPP-VIIRS nighttime light datasets[J]. Science of the Total Environment, 2020, 703: 134394.

[27]Shi K, Yu B, Huang Y, Hu Y, Yin B, Chen Z, Chen L, Wu J. Evaluating the ability of NPP-VIIRS nighttime light data to estimate the gross domestic product and the electric power consumption of China at multiple scales: A comparison with DMSP-OLS data[J]. Remote Sensing, 2014, 6（2）: 1705-1724.

[28]Li X, Li D. Can night-time light images play a role in evaluating the Syrian Crisis？[J]. International Journal of Remote Sensing, 2014, 35（18）: 6648-6661.

[29]Zhou Y，Smith S J，Zhao K，Imhoff M，Thomson A，Bond-Lamberty B，Asrar G R，Zhang X，He C，Elvidge C D. A global map of urban extent from night lights[J]. Environmental Research Letters，2015，10（5）：054011.

[30]Wang C，Yu B，Chen Z，Liu Y，Song W，Li X，Yang C，Small C，Shu S，Wu J. Evolution of urban spatial clusters in China：A graph-based method using nighttime light data[J]. Annals of the American Association of Geographers，2022，112（1）：56-77.

[31] 武前波，刘星.基于服务设施聚集的杭州市多中心空间形态研究 [J]. 现代城市研究，2018（10）：28-36.

[32] 王岩，范子贤，李成名，等.利用手机信令数据刻画不同人物画像 [J]. 测绘通报，2021（1）：84-89.

[33] 梁立锋，谭本华，马咏珊等.基于多源地理大数据的城市空间结构研究 [J]. 遥感技术与应用，2021，36（6）：1446-1456.

[34] 虞虎，刘青青，陈田，等.都市圈旅游系统组织结构，演化动力及发展特征 [J]. 地理科学进展，2016，35（10）：1288-1302.

[35] 刘正兵，丁志伟，卜书朋，等.中原城市群城镇网络结构特征分析：基于空间引力与客运联系 [J]. 人文地理，2015，30（4）：79-86.

[36] 刘法建，张捷，章锦河，等.旅游地研究中的"联系"和网络——基于社会网络理论的旅游地研究述评 [J]. 旅游科学，2016，30（2）：1-14.

[37] 刘金花，张家玮，贾琨.基于 POI 数据的中心城区边界识别与空间格局优化——以高唐县为例 [J]. 城市发展研究，2021，28（6）：74-83.

[38]Hu Q，Zhang Y. An effective selecting approach for social media big data analysis—Taking commercial hotspot exploration with Weibo check-in data as an example[C]. 2018 IEEE 3rd International Conference on Big Data Analysis（ICBDA），2018：28-32.

[39]Deng Y，Liu J，Liu Y，Luo A. Detecting urban polycentric structure from POI data[J]. ISPRS International Journal of Geo-Information，2019，8（6）：283.

[40]Wei L，Luo Y，Wang M，Cai Y，Su S，Li B，Ji H. Multiscale identification of urban functional polycentricity for planning implications：An integrated approach using geo-big transport data and complex network modeling[J]. Habitat

International, 2020, 97: 102134.

[41]Milesi C, Elvidge C D, Nemani R R, Running S W. Assessing the impact of urban land development on net primary productivity in the southeastern United States[J]. Remote Sensing of Environment, 2003, 86（3）: 401-410.

[42]He C, Li J, Chen J, Shi P, Chen J, Pan Y, Li J, Zhuo L, Toshiaki I. The urbanization process of Bohai Rim in the 1990s by using DMSP/OLS data[J]. Journal of Geographical Sciences, 2006, 16: 174-182.

[43] 魏石梅，潘竟虎 . 基于夜间灯光和微博签到数据的郑州市城市空间结构识别 [J]. 遥感技术与应用，2022，37（3）: 771-780.

[44] 高岩，邢汉发，张焕雪 . 夜光遥感与 POI 数据耦合关系中的城市空间结构分析——以深圳市为例 [J]. 桂林理工大学学报，2022，42（1）: 122-130.

[45]KOTARBA A Z , ALEKSANDROWICZS . Impervious surface detection with nighttime photography from the International Space Station[J]. Remote Sensing of Environment, 2016, 176: 295-307.

[46]HE X, ZHOU C, ZHANG J, et al. Using Wavelet Transforms to Fuse Nighttime Light Data and POI Big Data to Extract Urban Built-Up Areas[J]. Remote Sensing, 2020, 12（23）: 3887.

[47]FENG Z, PENG J, WU J. Using DMSP/OLS nighttime light data and K–means method to identify urban–rural fringe of megacities[J]. Habitat International, 2020, 103: 102227.

[48]CHEN Z, YU B, SONG W, et al. A new approach for detecting urban centers and their spatial structure with nighttime light remote sensing[J]. IEEE Transactions on Geoscience and Remote Sensing, 2017, 55（11）: 6305-6319.

[49] 孙晓璇，吴晔，冯鑫，等 . 高铁—普铁的实证双层网络结构与鲁棒性分析 [J]. 电子科技大学学报，2019，（2）: 315-320.

[50]Bindu P, Thilagam P S, Ahuja D. Discovering suspicious behavior in multilayer social networks[J]. Computers in Human Behavior, 2017, 73: 568-582.

[51] 沈爱忠，郭进利，索琪，等 . 基于多层网络的供应链金融建模与分析 [J]. 计算机应用研究，2017，34（12）: 3628-3631.

[52]Millán A P, Torres J J, Bianconi G. Complex network geometry and frustrated

synchronization[J]. Scientific reports, 2018, 8（1）: 1-10.

[53]Despalatović L, Vojković T, Vukicević D. Community structure in networks: Girvan-Newman algorithm improvement[C]. 2014 37th international Convention on information and communication technology, electronics and microelectronics （MIPRO）, 2014: 997-1002.

[54]Boccaletti S, Bianconi G, Criado R, Del Genio C I, Gómez-Gardenes J, Romance M, Sendina-Nadal I, Wang Z, Zanin M. The structure and dynamics of multilayer networks[J]. Physics Reports, 2014, 544（1）: 1-122.

[55] 郑文萍, 吴志康, 杨贵. 一种基于局部中心性的网络关键节点识别算法 [J]. 计算机研究与发展, 2019, 56（9）: 1872-1880.

[56]Ma L, Gong M, Yan J, Liu W, Wang S. Detecting composite communities in multiplex networks: A multilevel memetic algorithm[J]. Swarm and Evolutionary Computation, 2018, 39: 177-191.

[57]Girvan M, Newman M E. Community structure in social and biological networks[J]. Proceedings of the National Academy of Sciences, 2002, 99（12）: 7821-7826.

[58]Zhang Z, Pu P, Han D, Tang M. Self-adaptive Louvain algorithm: Fast and stable community detection algorithm based on the principle of small probability event[J]. Physica A: Statistical Mechanics and its Applications, 2018, 506: 975-986.

[59]Clauset A, Newman M E, Moore C. Finding community structure in very large networks[J]. Physical Review E, 2004, 70（6）: 066111.

[60]Raghavan U N, Albert R, Kumara S. Near linear time algorithm to detect community structures in large-scale networks[J]. Physical Review E, 2007, 76（3）: 036106.

[61]Xueguang M, Yu L. Spatial Structure and Connection of Cities in China Based on Air Passenger Transport Flow[J]. Economic Geography, 2018, 38（8）: 47-57.

[62]Lu F, Liu K, Duan Y, Cheng S, Du F. Modeling the heterogeneous traffic correlations in urban road systems using traffic-enhanced community detection approach[J]. Physica A: Statistical Mechanics and its Applications, 2018, 501:

227-237.

[63]Blondel V D, Guillaume J-L, Lambiotte R, Lefebvre E. Fast unfolding of communities in large networks[J]. Journal of Statistical Mechanics：Theory and Experiment，2008，2008（10）：P10008.

[64]Liu Y, Wei B, Du Y, Xiao F, Deng Y. Identifying influential spreaders by weight degree centrality in complex networks[J]. Chaos, Solitons & Fractals, 2016, 86：1-7.

[65]Barthelemy M. Betweenness centrality in large complex networks[J]. The European Physical Journal B, 2004, 38（2）：163-168.

[66]Braha D, Bar-Yam Y. Time-dependent complex networks：Dynamic centrality, dynamic motifs, and cycles of social interactions[J].Adaptive networks：Theory, models and applications：Springer, 2009：39-50.

[67]Wu C-C, Kannan K, Lin S, Yen L, Milosavljevic A. Identification of cancer fusion drivers using network fusion centrality[J]. Bioinformatics, 2013, 29（9）：1174-1181.

[68]Li X, Liu Y, Jiang Y, Liu X. Identifying social influence in complex networks：A novel conductance eigenvector centrality model[J]. Neurocomputing, 2016, 210：141-154.

[69]Pedroche F, Romance M, Criado R. A biplex approach to PageRank centrality：From classic to multiplex networks[J]. Chaos：An Interdisciplinary Journal of Nonlinear Science, 2016, 26（6）：065301.

[70]Hu J, Du Y, Mo H, Wei D, Deng Y. A modified weighted TOPSIS to identify influential nodes in complex networks[J]. Physica A：Statistical Mechanics and its Applications, 2016, 444：73-85.

[71] 胡昊宇，黄莘绒，李沛霖，等.流空间视角下中国城市群网络结构特征比较——基于铁路客运班次的分析 [J].地球信息科学学报，2022，24（8）：1525-1540.

[72] 陈伟，刘卫东，柯文前，等.基于公路客流的中国城市网络结构与空间组织模式 [J].地理学报，2017，72（2）：224-241.

[73] 赖建波，潘竟虎.基于腾讯迁徙数据的中国"春运"城市间人口流动空间格

局 [J]. 人文地理，2019，34（3）：108-117.

[74]Zhang B，Wu P，Zhao X，et al. Changes in vegetation condition in areas with different gradients（1980–2010）on the Loess Plateau，China[J]. Environmental Earth Sciences，2013，68（8）：2427-2438.

[75]de la Barrera F，Henríquez C. Vegetation cover change in growing urban agglomerations in Chile[J]. Ecological Indicators，2017，81：265-273.

[76]Xie Z，Ye X，Zheng Z，et al. Modeling polycentric urbanization using multisource big geospatial data[J]. Remote Sensing，2019，11（3）：310.

[77]Liu Y，Wang Y，Peng J，et al. Correlations between urbanization and vegetation degradation across the world's metropolises using DMSP/OLS nighttime light data[J]. Remote Sensing，2015，7（2）：2067-2088.

[78]Arieira J，Karssenberg D，De Jong S M，et al. Integrating field sampling，geostatistics and remote sensing to map wetland vegetation in the Pantanal，Brazil[J]. Biogeosciences，2011，8（3）：667-686.

[79]Henricksen B，Durkin J. Growing period and drought early warning in Africa using satellite data[J]. International Journal of Remote Sensing，1986，7（11）：1583-1608.

[80] 孙红雨，王长耀，牛铮，等 . 中国地表植被覆盖变化及其与气候因子关系——基于 NOAA 时间序列数据分析 [J]. 遥感学报，1998，2（3）：204-210.

[81] 宋怡，马明国 . 基于 SPOT VEGETATION 数据的中国西北植被覆盖变化分析 [J]. 中国沙漠，2007，27（1）：89-93，173.

[82] 孙智辉，刘志超，雷延鹏，等 . 延安北部丘陵沟壑区植被指数变化及其与气候的关系 [J]. 生态学报，2010，30（2）：533-540.

[83] 王正兴，刘闯 . 植被指数研究进展：从 AVHRR—NDVI 到 MODIS—EVI[J]. 生态学报，2003，23（5）：979-987.

[84] 何春阳，史培军，李景刚，等 . 基于 DMSP/OLS 夜间灯光数据和统计数据的中国大陆 20 世纪 90 年代城市化空间过程重建研究 [J]. 科学通报，2006，51（7）：856-861.

[85]Roychowdhury K，Jones S D，Arrowsmith C，et al. A comparison of high and

low gain DMSP/OLS satellite images for the study of socio-economic metrics[J].
IEEE Journal of Selected Topics in Applied Earth Observations and Remote
Sensing, 2010, 4（1）: 35-42.

[86] 祁文田. 基于 GPS 数据的出租车载客点空间特征分析 [D]. 长春: 吉林大学,
2013.

[87] 侯景儒. 中国地质统计学（空间信息统计学）发展的回顾与前景 [J]. 地质与
勘探, 1997, 33（1）: 53-58.

[88]Matheron G. Principles of geostatistics [J]. EconGeol, 1963, 58（8）: 1246-
1266.

[89]Journel A, Huijbregts C. Mining geostatistics [M]. London: Academic Press,
1978.

[90]Yang J, French S, Holt J, et al. Measuring the Structure of US Metropolitan
Areas, 1970–2000: Spatial Statistical Metrics and an Application to Commuting
Behavior[J]. Journal of the American Planning Association, 2012, 78（2）:
197-209.

[91]Páez A, Scott D M. Spatial statistics for urban analysis: a review of techniques
with examples[J]. GeoJournal, 2004, 61（1）: 53-67.

[92]Fotheringham A S, Brunsdon C, Charlton M. Geographically weighted
regression: the analysis of spatially varying relationships[M]. John Wiley &
Sons, 2003.

[93]Yuill R S. The standard deviational ellipse; an updated tool for spatial
description[J]. Geografiska Annaler: Series B, Human Geography, 1971, 53
（1）: 28-39.

[94]Cai J, Huang B, Song Y. Using multi-source geospatial big data to identify the
structure of polycentric cities[J]. Remote Sensing of Environment, 2017, 202:
210-221.

[95]Yang Y, Liu J, Xu S, et al. An extended semi-supervised regression approach
with co-training and geographical weighted regression: A case study of housing
prices in beijing[J]. ISPRS International Journal of Geo-Information, 2016, 5
（1）: 4.

[96]Saxena R，Nagpal B N，Das M K，et al. A spatial statistical approach to analyze malaria situation at micro level for priority control in Ranchi district，Jharkhand[J]. The Indian journal of medical research，2012，136（5）：776.

[97]Lefever D W. Measuring geographic concentration by means of the standard deviational ellipse[J]. American Journal of Sociology，1926，32（1）：88-94.

[98] 赵璐，赵作权.基于特征椭圆的中国经济空间分异研究 [J].地理科学，2014，34（8）：979-986.

[99] 李德仁，余涵若，李熙.基于夜光遥感影像的 "一带一路" 国家城市发展时空格局分析 [J].武汉大学学报·信息科学版，2017，42（6）：711-720.

[100] 赵璐，赵作权，王伟.中国东部沿海地区经济空间格局变化 [J].经济地理，2014，34（2）：14-18.

[101]Baojun W，Bin S，Inyang H I. GIS-based quantitative analysis of orientation anisotropy of contaminant barrier particles using standard deviational ellipse[J]. Soil & sediment contamination，2008，17（4）：437-447.

[102]Albert R，Barabási A L. Statistical mechanics of complex networks[J]. Reviews of Modern Physics，2002，74（1）：47.

[103]Barabási A L，Bonabeau E. Scale-free networks[J]. Scientific American，2003，288（5）：60-69.

[104]Watts D J，Strogatz S H. Collective dynamics of 'small-world' networks[J]. Nature，1998，393（6684）：440-442.

[105] 马欢，岳德鹏，于强，等.生态脆弱区防护网络构建及分区研究——以磴口县为例 [J].西北林学院学报，2017，32（4）：193-202.

[106] 许文雯，孙翔，朱晓东，等.基于生态网络分析的南京主城区重要生态斑块识别 [J].生态学报，2012，32（4）：260-268.

[107] 王敏.金华市植被空间网络特征及变化分析 [D].金华：浙江师范大学，2018.

[108]Blondel V D，Guillaume J L，Lambiotte R，et al. Fast unfolding of communities in large networks[J]. Journal of Statistical Mechanics：Theory and Experiment，2008，2008（10）：P10008.

[109]Guimera R，Sales-Pardo M，Amaral L A N. Modularity from fluctuations in random graphs and complex networks[J]. Physical Review E, 2004, 70（2）: 025101.

[110]Duch J, Arenas A. Community detection in complex networks using extremal optimization[J]. Physical Review E, 2005, 72（2）: 027104.

[111]Ruan J, Zhang W. An efficient spectral algorithm for network community discovery and its applications to biological and social networks[C]//Seventh IEEE International Conference on Data Mining（ICDM 2007）. IEEE, 2007: 643-648.

[112]Wu C G, Zhou Z X, Xiao W F, et al. Dynamic Monitoring of Vegetation Coverage in Three Gorges Reservoir Area Based on MODIS NDVI [J]. Scientia Silvae Sinicae, 2012, 48（1）: 22-28.

[113] 苏媛，王志杰．基于遥感和 GIS 的陕南地区近 20 年植被覆盖时空变化特征 [J]. 水土保持研究, 2018（1）: 250-256.

[114] 陈晓光，李剑萍，李志军，等．青海湖地区植被覆盖及其与气温降水变化的关系 [J]. 中国沙漠, 2007, 27（5）: 797-804.

[115] 姚远，陈曦，钱静．城市地表热环境研究进展 [J]. 生态学报, 2018, 38（3）: 1134-1147.

[116] 兰翠玉，李明．长株潭主城区热岛效应时空演化与土地利用变化关联分析 [J]. 测绘与空间地理信息, 2018, 41（4）: 84-89.

[117] 赵毅．基于城市热环境评价的土地利用规划策略研究——以灞河两岸为例 [D]. 西安：西安建筑科技大学, 2021.

[118] 谢哲宇，黄庭，李亚静，等．南昌市土地利用与城市热环境时空关系研究 [J]. 环境科学与技术, 2019, 42（S1）: 241-248.

[119] 房力川，周莉，潘洪义．重庆市主城区土地利用／覆被变化及其热环境效应关系研究 [J]. 四川职业技术学院学报, 2018, 28（10）: 1-7.

[120]Shi D, Lu L, Chen G. Totally homogeneous networks[J]. Natl Sci Rev, 2019, 6（5）: 962-969.

[121]BAVELAS A A. A Mathematical Model of Group Structures[J]. Human

organization, 1948, 7（3）: 16-30.

[122] 郑月，任卓明. 复杂网络节点重要性融合指标研究与节点演化分析 [D]. 杭州：杭州师范大学，2022.

[123] 胡焕庸. 中国人口之分布——附统计表与密度图 [J]. 地理学报, 1935, 2（2）: 33-74.

[124]Chang S, Wang J, Zhang F, Niu L, Wang Y. A study of the impacts of urban expansion on vegetation primary productivity levels in the Jing-Jin-Ji region, based on nighttime light data[J]. Journal of Cleaner Production, 2020, 263: 121490.

[125]Elvidge C D, Baugh K E, Dietz J B, Bland T, Sutton P C, Kroehl H W. Radiance calibration of DMSP-OLS low-light imaging data of human settlements[J]. Remote Sensing of Environment, 1999, 68（1）: 77-88.

[126]Miller S D, Straka Iii W, Mills S P, Elvidge C D, Lee T F, Solbrig J, Walther A, Heidinger A K, Weiss S C. Illuminating the capabilities of the suomi national polar-orbiting partnership（NPP）visible infrared imaging radiometer suite（VIIRS）day/night band[J]. Remote Sensing, 2013, 5（12）: 6717-6766.

[127]Elvidge C D, Hsu F-C, Baugh K E, Ghosh T. National trends in satellite-observed lighting[J]. Global urban monitoring and assessment through earth observation, 2014, 23: 97-118.

[128]Elvidge C D, Zhizhin M, Ghosh T, Hsu F-C, Taneja J. Annual time series of global VIIRS nighttime lights derived from monthly averages: 2012 to 2019[J]. Remote Sensing, 2021, 13（5）: 922.

[129]Xu P, Wang Q, Jin J, Jin P. An increase in nighttime light detected for protected areas in Mainland China based on VIIRS DNB data[J]. Ecological Indicators, 2019, 107: 105615.

[130]Ma T, Zhou C, Pei T, Haynie S, Fan J. Quantitative estimation of urbanization dynamics using time series of DMSP/OLS nighttime light data: A comparative case study from China's cities[J]. Remote Sensing of Environment, 2012, 124: 99-107.

[131] 林超. 自然环境与公路工程建设区划的关系 [J]. 科技传播，2014，60（1）：73，57.

[132] 温学钧，杨屹东，方靖. 高速公路运行速度研究 [J]. 公路交通科技，2002，19（1）：80-82.

[133]Cour T，Benezit F，Shi J. Spectral segmentation with multiscale graph decomposition[C]. 2005 IEEE Computer Society Conference on Computer Vision and Pattern Recognition（CVPR'05），2005：1124-1131.

[134]Hu T，Wang T，Yan Q，Chen T，Jin S，Hu J. Modeling the spatiotemporal dynamics of global electric power consumption（1992–2019）by utilizing consistent nighttime light data from DMSP-OLS and NPP-VIIRS[J]. Applied Energy，2022，322：119473.

[135]Bai X，McAllister R R J，Beaty R M，et al. Urban policy and governance in a global environment：complex systems，scale mismatches and public participation[J]. Current opinion in environmental sustainability，2010，2（3）：129-135.

[136] 程赟. 基于 Sentinel-1 的南极冰盖冻融探测方法研究 [D]. 西安：西安科技大学，2019.

[137] 郝斌飞，韩旭军，马明国，等. Google Earth Engine 在地球科学与环境科学中的应用研究进展 [J]. 遥感技术与应用，2018，33（4）：600-611.

[138]Gorelick，N.，Hancher，M.，Dixon，M.，Ilyushchenko，S.，Thau，D.，& Moore，R.（2017）. Google Earth Engine：Planetary-scale geospatial analysis for everyone. Remote Sensing of Environment，2017，202:18-17

[139]Song C，Woodcock C E，Seto K C，et al. Classification and change detection using Landsat TM data：when and how to correct atmospheric effects？ [J]. Remote sensing of Environment，2001，75（2）：230-244.

[140]Lin C，Wu C C，Tsogt K，et al. Effects of atmospheric correction and pansharpening on LULC classification accuracy using WorldView-2 imagery[J]. Information Processing in Agriculture，2015，2（1）：25-36.

[141]Elvidge C D，Sutton P C，Baugh K，et al. National trends in satellite observed

lighting：1992-2009[J]. AGUFM, 2011, 2011：GC32C-03.

[142]Li X, Li D, Xu H, et al. Intercalibration between DMSP/OLS and VIIRS night-time light images to evaluate city light dynamics of Syria's major human settlement during Syrian Civil War[J]. International Journal of Remote Sensing, 2017, 38（21）：5934-5951.

[143]Fan X, Liu Y. Multisensor Normalized Difference Vegetation Index Intercalibration：A comprehensive overview of the causes of and solutions for multisensor differences[J]. IEEE Geoscience and Remote Sensing Magazine, 2018, 6（4）：23-45.

[144]Valor E, Caselles V. Mapping land surface emissivity from NDVI：Application to European, African, and South American areas[J]. Remote sensing of Environment, 1996, 57（3）：167-184.

[145]Wu C G, Zhou Z X, Xiao W F, et al. Dynamic Monitoring of Vegetation Coverage in Three Gorges Reservoir Area Based on MODIS NDVI [J]. Scientia Silvae Sinicae, 2012, 48（1）：22-28.

[146]Zhang C, Wang C Y, Lv Y Q, et al. Research on city system spatial structure of the Yangtze river economic belt: based on DMSP/OLS night time light data[J]. Urban Development Studies, 2015, 22（3）：19-27.

[147]Otsu N. A threshold selection method from gray-level histograms[J]. IEEE transactions on systems, man, and cybernetics, 1979, 9（1）：62-66.

[148]覃晓，元昌安，邓育林，等.一种改进的 Ostu 图像分割法 [J]. 山西大学学报（自然科学版），2013，36（4）：530-534.

[149]Huang H, Chen Y, Clinton N, et al. Mapping major land cover dynamics in Beijing using all Landsat images in Google Earth Engine[J]. Remote Sensing of Environment, 2017, 202：166-176.

[150] 苏嫄，王志杰.基于遥感和 GIS 的陕南地区近 20 年植被覆盖时空变化特征 [J].水土保持研究，2018（1）：250-256.

[151] 中国科学院城市环境研究所.一种确定夜晚灯光数据提取城市建成区阈值的方法：CN201410195054.8[P].2014-07-29.

[152]Lee Rodgers J, Nicewander W A. Thirteen ways to look at the correlation coefficient[J]. The American Statistician, 1988, 42（1）: 59-66.

[153] 赵璐, 赵作权, 王伟. 中国东部沿海地区经济空间格局变化 [J]. 经济地理, 2014, 34（2）: 14-18.

[154] 王照流. 我国光伏发电产业的空间结构演化及计量研究 [D]. 哈尔滨: 哈尔滨工业大学, 2019.

[155] 张香君. 湖南省经济空间变化分析 [J]. 当代经济, 2018（2）: 92-93.

[156] 徐征杰, 薛莲. 可持续景观生态设计中生态流的作用 [J]. 绿色科技, 2011（1）: 5.

[157]Kaaapen J P, Scheffer M, Harms B. Estimating habitat isolation in landscape[J]. Landscape and Urbain Planning, 1992, 23（1）: 1-6.

[158] 刘孝富, 舒俭民, 张林波. 最小累积阻力模型在城市土地生态适宜性评价中的应用——以厦门为例 [J]. 生态学报, 2010（2）: 421-428.

[159] 王行风, 贾凌.GIS 支持下的城市交通网络最短路径研究 [J]. 计算机与现代化, 2005（3）: 9-12.

[160] 杨新苗, 马文腾. 基于 GIS 的公交乘客出行路径选择模型 [J]. 东南大学学报: 自然科学版, 2000, 30（6）: 87-91.

[161] 孔繁花, 尹海伟. 济南城市绿地生态网络构建 [J]. 生态学报, 2008, 28（4）: 1711-1719.

[162] 张启斌. 乌兰布和沙漠东北缘生态网络构建与优化研究 [D]. 北京: 北京林业大学, 2019.

[163] 陈洁, 周年兴, 陶卓民. 景观生态安全格局的算法改进与应用 [J]. 生物多样性, 2018, 26（1）: 36-43.

[164] 池源, 石洪华, 丰爱平. 典型海岛景观生态网络构建——以崇明岛为例 [J]. 海洋环境科学, 2015（3）: 20.

[165] 程学旗, 沈华伟. 复杂网络的社区结构 [J]. 复杂系统与复杂性科学, 2011, 8（1）: 57-70.

[166] 张森, 马迪, 王滔等. 基于监督分类的土地利用遥感影像提取方法研究——以武汉市为例 [J]. 绿色科技, 2018（14）: 223-225.

[167] 肖凡，郭俊军，张梦杰．基于 Landsat 8 数据和监督分类方法的土地利用分类研究 [J]. 安徽农学通报，2020，26（8）：110-113.

[168] 杨鑫．浅谈遥感图像监督分类与非监督分类［J］. 四川地质学报，2008，28（3）：251-254.

[169] 覃志豪，Zhang Minghua，Arnon Karnieli，等．用陆地卫星 TM6 数据演算地表温度的单窗算法 [J]. 地理学报，2001（4）：456-466.

[170]Sobrino J A, Jiménez-Muñoz J C, Paolini L. Land surface temperature retrieval from LANDSAT TM 5[J]. Remote Sensing of Environment, 2004, 90（4）：434-440.

[171]Jiménez-Muñoz J C, Cristóbal J, Sobrino J A, et al. Revision of the single channel algorithm for land surface temperature retrieval from Landsat thermal infrared data[J]. IEEE Transactions on geoscience and remote sensing, 2008, 47（1）：339-349.

[172] 宋挺，段峥，刘军志，等.Landsat 8 数据地表温度反演算法对比 [J]. 遥感学报，2015，19（3）：451-464.

[173]Qin Z, Karnieli A, Berliner P. A mono-window algorithm for retrieving land surface temperature from Landsat TM data and its application to the Israel-Egypt border region[J]. International Journal of Re-mote Sensing, 2001, 22（18）：3719-3746.

[174] 叶露萍，吴浩，李岩．分形理论支持下的城市土地利用热环境效应研究——以武汉市为例 [J]. 华中师范大学学报（自然科学版），2013，47（4）：579-582.